自然传奇

生物的魔咒

主编：杨广军

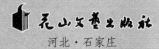
花山文艺出版社

河北·石家庄

图书在版编目（CIP）数据

生物的魔咒 / 杨广军主编. —石家庄 ：花山文艺
出版社，2013.4（2022.3重印）
　（自然传奇丛书）
　ISBN 978-7-5511-0927-7

　Ⅰ.①生… 　Ⅱ.①杨… 　Ⅲ.①动物－青年读物②动物
－少年读物 　Ⅳ.①Q95-49

中国版本图书馆CIP数据核字（2013）第080120号

丛 书 名：自然传奇丛书
书　　名：生物的魔咒
主　　编：杨广军
责任编辑：尹志秀　　甘宇栋
封面设计：慧敏书装
美术编辑：胡彤亮
出版发行：花山文艺出版社（邮政编码：050061）
　　　　　（河北省石家庄市友谊北大街 330号）

销售热线：0311-88643221
传　　真：0311-88643234
印　　刷：北京一鑫印务有限责任公司
经　　销：新华书店
开　　本：880×1230　1/16
印　　张：10
字　　数：150千字
版　　次：2013年5月第1版
　　　　　2022年3月第2次印刷
书　　号：ISBN 978-7-5511-0927-7
定　　价：38.00元

目 录

自然传奇丛书

微生物，恶魔的化身

　　三百多年以前，一个名叫列文虎克的荷兰人第一次在自制的显微镜下观察到了在地球上已生存了三十多亿年的微生物。为人类研究微生物打开了第一道门，从此之后人们逐渐揭开了一系列的谜团，找到了传染病、绝症等疾病的元凶。同时也让人们感到大吃一惊，这个微小王国之中竟然会生存着这么多让人毛骨悚然的恶魔，而且它们是无处不在的。

家族档案——微生物的种类

微生物的最早发现者是荷兰的生物学家、显微镜学家列文虎克。他的这一发现让人们认识到世界上除了花花草草、鱼虫鸟兽外还隐藏着地球上真正数量最多的生物——微生物。随着科技的不断发展，人们对微生物的认识越来越多，并将微生物分为四大家族：原核生物、原生生物、真菌、病毒。现在让我们逐一去认识每一大家族的庐山真面目。

▲列文虎克

原核生物

大约在35亿年前原核生物就已经在地球上出现了，它们这个家族是目前结构最简单并能独立生活的微生物。这个家族由三大家庭构成，它们分别是：细菌类，成员有放线菌、立克次氏体、支原体、衣原体、螺旋体等；古细菌类，成员有甲烷细菌、极端嗜盐细菌、极端嗜热细菌等；原核

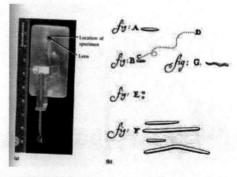

▲早期的显微镜

藻类，成员有原绿藻、蓝藻。

细　菌

　　细菌在原核生物中有着举足轻重的地位，它的种类最多、数量最大，有分布广泛、繁殖迅速的优势。细菌根据形状分为球菌、杆菌和螺旋菌。

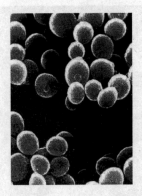
▲球菌

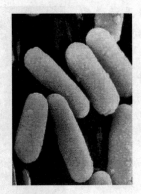
▲杆菌

▲螺旋菌

　　大多数的细菌不会单个存在，它们会多个在一起聚成一定的形状。如杆菌会排列成栅状或链状等。球菌会聚成双球菌、四联球菌、链球菌等。

知识广播

细　胞

　　细胞是所有生命有机体的基本结构和功能单位。不同生物的细胞虽然形态、结构不同，但是化学组成基本相似。

广角镜——细菌的特殊结构

细菌会长出荚膜、鞭毛、芽孢三种特殊结构。

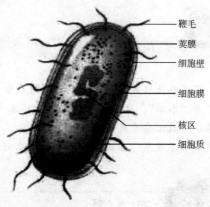

荚膜：可增强细菌的毒力并且会使巨噬细胞不易吞噬它们。除此之外，荚膜还能提高细菌对不良环境的抵抗能力。

鞭毛：细菌的"脚"，由一种弹性蛋白构成，结构上不同于真核生物的鞭毛。细菌可以通过调整鞭毛旋转的方向来改变运动状态。

芽孢：是细菌在特定阶段形成的休眠体。芽孢均能抵抗 70 ℃～80 ℃ 的高温，并且对紫外线、化学药剂等也有一定的抗性。

鞭毛
荚膜
细胞壁
细胞膜
核区
细胞质

▲细菌的结构

古 细 菌

目前还生存在地球上的古细菌——甲烷细菌、极端嗜盐细菌、极端嗜热细菌等，它们喜欢生存在缺氧、高盐、高温的环境中。由于这些细菌的生存环境和地球早期出现生命的条件相似，被认定为古老的细菌。

▲甲烷细菌

▲嗜盐杆菌

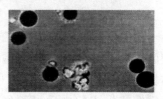

▲嗜热菌

原绿藻和蓝藻

原核藻类的单细胞为球状或杆状，多个单细胞组成了不同类型的丝状体。原绿藻和蓝藻中都含有叶绿素和胡萝卜素，能像高等植物一样进行光合作用。由于蓝藻体内含有藻蓝素和藻红素，它的颜色可以随光照变化；而原绿藻中不含藻蓝素。

广角镜——水华

　　蓝藻在鱼塘或是湖泊中大量繁殖，会在水面上形成一层有腥味的浮沫，人们称它为"水华"。这些大量的蓝藻会将水中的氧气耗尽，使水生生物窒息；有的蓝藻还会放出毒素使水生生物中毒死亡。微囊藻、鱼腥藻、颤藻，这几种蓝藻常常造成水华现象，因此人们也把它们称为水华蓝藻。

万花筒

太湖蓝藻事件

　　2007年5月28日起，无锡太湖区域蓝藻大面积暴发。引发无锡市自来水严重污染，市区纯净水被哄抢。政府虽及时采取措施，但已经对人民的生活产生很大的影响。

原 生 生 物

　　原生生物是具有真核的单细胞生物。它具有真核细胞的结构特点，具有核膜、核仁，由膜系统构成的内质网等细胞器。原生生物分布在海水、河水、湖水、土壤、粪便等处，还能生存在生物体内。它们的营养方式分为自养、异养，或是既能自养又能异养。类植物原生生物（如衣藻、硅藻等）属于自养型，能进行光合作用。类动物原生生物（如草履虫、变形虫等）属于异养型，无细

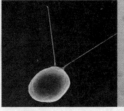

▲衣藻　　　　　▲甲藻

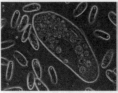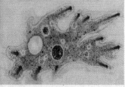

▲草履虫　　　　▲变形虫

胞壁能够运动。有些原生生物种类兼有动物和植物的特性，属于既可自养又可异养型。

知识广播

真核生物

真核生物的细胞具有真正的细胞核和多样的单位膜系统。细胞核有核膜包围，核膜上有许多小孔。核内有核仁，并有染色体。膜系统包括细胞质膜、内质网膜、核膜和各种膜结构的细胞器，如高尔基体、线粒体、叶绿体、液泡等。

真　菌

地球上约有 25 万多种真菌，霉菌（如曲霉、青霉，黑根霉等）和蕈菌（如蘑菇、灵芝、木耳等）等都是常见的真菌。真菌的细胞内有明显的细胞核、线粒体、内质网、液泡等细胞器。多数真菌由单细胞或多细胞形成分支或不分支的丝状体，大量菌丝的错综复杂构成了菌丝体。菌丝分为营养菌丝、气生菌丝、繁殖菌丝。

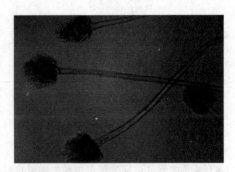

▲曲霉

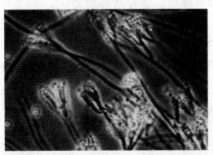

▲青霉

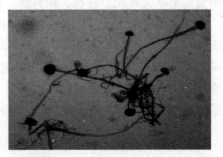

▲黑根霉

自然传奇丛书

按真菌的生活方式可将其分为两类：腐生真菌和寄生真菌，有的为兼性。腐生真菌先在体外将大分子的有机物水解为小分子物质再借助菌丝细胞的高渗透压将小分子物质吸收。寄生真菌在寄主组织中将菌丝改变成各种形状的吸器，再以高出寄主细胞的渗透压直接吸取寄主的营养。

 广角镜——真菌的应用

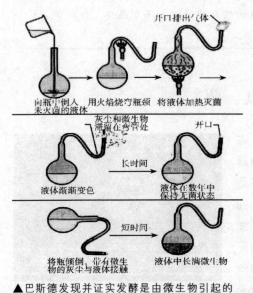

▲巴斯德发现并证实发酵是由微生物引起的

真菌早在四千多年前就被我们的祖先拿来酿酒。在现代，真菌已被广泛用于生产酒精、甘油、有机酸等。

灵芝、银耳、冬虫夏草等都是真菌中的名贵药材。利用真菌可生产抗生素，如大家最熟知的青霉素。

许多真菌被我们端到了餐桌上，蘑菇、猴头菇、木耳等不仅味美而且营养价值很高。

病　毒

病毒个体微小，一般病毒的大小在 15～450 nm 之间。病毒的常见形状为球状、杆状、蝌蚪状，也有丝状、子弹状等形态。

病毒结构简单，通常由一个核酸芯子和包在核酸芯子外面的蛋白质衣壳组成。核酸芯子和衣壳统称为核衣壳。有些病毒由核衣壳组成，有些病毒的核衣壳外还包裹着一层包膜。包膜由脂类、蛋白质、多糖组成。有包膜的病毒叫包膜病毒（如痘病毒、疱疹病毒、副黏病毒、弹状狂犬病毒）。无包膜只有核衣壳的病毒叫裸露病毒（如腺病毒、噬菌体、烟草花叶病毒）。

知识广播

亚病毒

比病毒更简单的致病因子统称为亚病毒，如类病毒、阮病毒、拟病毒。类病毒无蛋白质衣壳，侵染植物致病。阮病毒只有蛋白质，无核酸，有侵染性，并在寄主细胞内复制蛋白质。阮病毒是导致疯牛病的元凶。

广角镜——微生物染色

单个细菌是无色透明的，为了便于鉴别，需要给它们染上颜色。微生物染色的基本原理，是借助物理因素和化学因素的作用而进行的。物理因素如细胞及细胞物质对染料的毛细现象、渗透、吸附作用等。化学因素则是根据细胞物质和染料的不同性质而发生的各种化学反应。酸性物质对于碱性染料较易吸附，且吸附作用稳固；同样，碱性物质对酸性染料较易于吸附。

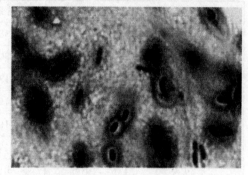

▲微生物染色

1884年丹麦科学家革兰姆创造了一种复染法，就是先用结晶紫液加碘液染色，再用酒精脱色，然后用稀复红液染色。经过这样的处理，可以把细菌分成两大类，凡能染成紫色的，称为革兰氏阳性菌；凡被染成红色的，称为革兰氏阴性菌。这两类细菌在生活习性和细胞组成上有很大差别，医生常依据细菌的革兰氏染色来选用药物，诊治疾病。为纪念革兰姆，复染法又称革兰氏染色法。

自然传奇丛书

最庞大的家族——微生物惊人的繁殖速度

微生物凭借它超强的繁殖能力成为世界上数量最多的生物。细菌通常在不到 20 分钟的时间内就可以繁殖一代，一天就可繁殖出 72 代，也就是将近 47 万亿亿个细菌。这是多么让人恐慌的数据，可是在现实生活中我们并没有遇到这样的灾难，这是什么原因呢？让我们一起在这里去寻找答案。

微生物的代时与每日增殖率

微生物名称		代时	每日分裂次数	温度（℃）	每日增殖率
细菌	乳酸菌	38 分	38	25	2.7×10^{11}
	大肠杆菌	18 分	80	37	1.2×10^{24}
	根瘤菌	110 分	13	25	8.2×10^{3}
	枯草杆菌	31 分	46	30	7.0×10^{13}
	光合细菌	144 分	10	30	1.0×10^{3}
酿酒酵母		120 分	12	30	4.1×10^{3}
藻类	小球藻	7 小时	3.4	25	10.6
	念球藻	23 小时	1.04	25	2.1
	硅藻	17 小时	1.4	20	2.64
草履虫		10.4 小时	2.3	26	4.92

微生物的繁殖条件

微生物并不是我们所想的那样无敌，它和其他生物一样需要良好的生存环境才能进行大量的繁殖，只是不同的微生物的繁殖周期长短不同。微生物对酸碱度、水分、温度、营养成分等都有一定的要求，不同的微生物要求的标准是不同的。我们就来了解一下大部分微生物对以上条件的要求，这样也有助于我们有效地控制微生物的生长、繁衍。

对酸碱度的要求

大部分微生物，生长环境的 pH 值为 5～9。嗜酸微生物能够在 pH 值低于 2 的条件下生长。嗜碱微生物能够在 pH 值大于 10 的条件下生长。常见的霉菌和酵母菌一般适宜在 pH 值为 5 或低于 5 的环境中生长。

小知识

pH 值就是溶液中 H^+ 浓度的负指数，是溶液酸碱程度的衡量标准。pH 值是一个介于 0～14 之间的数，当 pH<7 的时候，溶液呈酸性；当 pH>7 的时候，溶液呈碱性；当 pH=7 的时候，溶液呈中性。

对水分的要求

所有的微生物细胞内都含有水，它们通过水作为溶剂在细胞内进行各种化学反应。在缺水的环境中，微生物的新陈代谢会减慢至停止，最后导致微生物的死亡。但是各种微生物生长繁殖时所要求的水分含量不同。

对温度的要求

科学家根据微生物对温度的适应性，将微生物分为三个生理类群，即嗜冷、嗜温、嗜热三大类微生物，并且发现每一类群微生物都有最适宜生长的温度范围。

对营养的要求

微生物生长繁殖所需的营养物质主要有水、碳源、氮源、无机盐和生长因子等。

实验——霉菌的生长与什么有关？

研究问题：水和温度会影响霉菌的生长吗？

自然传奇丛书

▲生长在面包上的霉菌

需要的器材：四片面包，牙签，滴管，发霉的面包一块，四个塑料袋

步骤：1. 用牙签在发霉的面包上蘸取少量霉菌分别涂到四片面包上，每两片面包为一组。

2. 在其中一组的一片面包上用滴管滴十滴水，另一片面包不做任何处理。然后各装入塑料袋，把这两片面包都放在同一个地方。经过几天后观察上面霉菌的变化，说明了什么？

3. 另一组的两片面包做如下处理：分别装入塑料袋，其中一片面包放入冰箱，另外一片面包放到每日能被太阳晒到的地方。几天后去观察这两片面包上的霉菌的变化，你又能得出什么结论呢？

像科学家那样自己动手动脑，找到正确的答案。

广角镜——霉菌的繁殖

霉菌属于真菌类，由菌丝构成。菌丝通过将末端伸长的方式进行生长。长长的菌丝缠绕在一起形成绒毛状、絮状、网状菌落。霉菌有根霉、毛霉、曲霉、青霉等。由于霉菌繁殖速度快，很容易让我们的食物、家具、衣服等变质生霉。

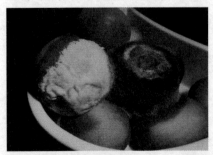

▲发霉的油桃

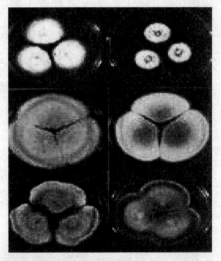

▲快速繁殖的各种霉菌

霉菌主要以孢子的方式来繁殖。霉菌的菌丝顶端的细胞会涨大形成一个囊状结构，叫孢囊（如白地霉），有的根据霉菌的不同称为顶囊（如曲霉）。但是它们的里面都有许多小孢子，前者为孢囊孢子，后者为分生孢子。这些孢子都会在适宜的条件下长成新的霉菌。

霉菌的孢子凭着它们又小又轻，数量很多，形态色泽各异以及它们休眠期长和抗逆性强等特点，在自然界中随处散播和繁殖。易于造成污染、霉变和易于传播动植物的霉菌病害，给人类造成了很多麻烦。

你知道吗？

霉菌在温度 20 ℃～28 ℃、相对湿度为 80 ％～90 ％的环境中比较容易生长，人类食用了滋生霉菌的食物后会引起中毒和癌变。

根据联合国粮农组织估算，全世界每年大约有 5 ％～7 ％的粮食、饲料等农作物产品受霉菌污染，霉变所造成的粮食和饲料经济损失可达数千亿美元。

轶闻趣事——一个真正的"小人国"

尽管这些微生物有着很强的繁殖能力，在短时间可以制造出上万的子孙后代，但是我们从未用肉眼看到过它们。那是因为微生物王国是一个真正的"小人国"，一个个小得惊人。就以细菌家族的"大个子"杆菌来说，让 3000 个杆菌头尾相接"躺"成一列，也只有一粒米那么大；让 70 个杆菌"肩并肩"排成一行，刚抵得上一根头发丝那么宽；全地球总人口数（65 亿）那么多的细菌加在一起，才只有一粒芝麻的重量。微生物如此之小，人们只能用"微米"甚至更小的单位"纳米"来衡量它。大家知道，1 微米等于 1/1000 毫米。细菌的大小，一般只有几个微米，有的只有 0.1 微米，而人的眼睛只有分辨大约 0.06 毫米的本领，难怪我们没法看见它们了。

自然传奇丛书

万花筒

　　微生物除了繁殖快、抗性高等特点外，它们还有很大的食量，而且是个儿越小"胃口"越大。微生物的结构非常简单，一个细胞或是分化成简单的一群细胞，就是一个能够独立生活的生物体，承担了生命活动的全部功能。它们个儿虽小，但整个体表都具有吸收营养物质的机能，这就使它们的"胃口"变得庞大。如果将一个细菌在一小时内消耗的糖分按相应比例换算成一个人要吃的粮食，那么，这个人得吃500年。微生物不仅食量大，而且无所不"吃"。地球上已有的有机物和无机物，它们都"吃个遍"，就连化学家合成的最新颖复杂的有机分子，也都难逃微生物之"口"。

小知识——菌落

　　细菌固定在一个地方生长繁殖，就会形成能用肉眼看见的小群体，这个小群体叫菌落。菌落有各种绚丽的色彩，如葡萄球菌的菌落是金黄色的，绿脓杆菌的菌落是绿色的。可以通过细菌菌落的形状、大小、厚薄和颜色等特点来鉴别各种菌种。弗莱明就是通过观察金黄色的葡萄球菌，发现"吃"掉葡萄球菌的青霉素，从此揭开了抗生素的秘密。

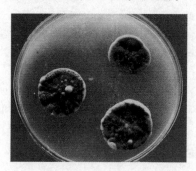

▲橘青霉在马铃薯葡萄糖琼脂（PDA）平板上的菌落特征

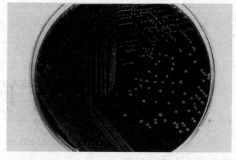

▲表皮葡萄球菌在血琼脂平板上的菌落特征

自然传奇丛书

令人恐惧的顽强生命——极端微生物

微生物有着体积小、繁殖快、适应强、易变异、分布广、种类多等共同特点。在南极冰冷的海域中，在盐度高达2.5％的死海，在温度极高的火山口，在压强几百万帕的深海，我们难以想象那里会有生命的存在。然而我们的地球是如此神奇，在这样极其恶劣的环境下却存在着曾经不为人知的勇敢的生命——极端微生

▲北冰洋海底黑烟囱

物，正是它们造就了大自然的奇迹。目前主要研究的有嗜热菌、嗜冷菌、嗜压菌、嗜盐菌、嗜酸菌、嗜碱菌等，当然还包括一些耐干旱、抗辐射的微生物。

嗜盐微生物

人们发现在高浓度盐环境中也存在许多微生物，如死海、里海、美国的犹他大盐湖、中国的青海湖等，在腌鱼、咸肉等盐制品上也会存在。科学家在我国新疆和内蒙古的盐碱湖中分离出了一些极端嗜盐菌。

嗜盐微生物根据对盐的不同需要可分为：（1）弱嗜盐微生物（多数海洋微生物都属于这个类群）；（2）中度嗜盐微生物；（3）极端嗜盐微生物（如红皮盐杆菌、鳕盐球菌等）。

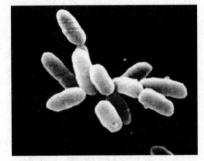

▲死海中的嗜盐杆菌

嗜盐菌目前用于生产食用蛋白、食品添加剂，以及酶的保护剂和稳定

自然传奇丛书

剂。工业上开发盐碱，利用嗜盐菌除去废水中的磷酸盐。

广角镜——嗜盐杆菌的特殊本领

▲红海盐滩上的嗜盐细菌

马里兰大学的研究人员对复杂的嗜盐杆菌展开了研究。在试验中发现，嗜盐杆菌能在紫外线、极度干燥和真空等致命条件下存活下来。是什么让它这么顽强呢？科学家已经借助最先进的DNA微矩阵技术观察到了嗜盐杆菌拥有一套复杂的DNA修复技术，实现自我保护。

为什么嗜盐杆菌能进化出这样灵巧的DNA修复机制？这都归功于它所处的恶劣环境，造就了它具有如此令人美慕的能力。

而嗜盐杆菌在不断进化中，适应了高盐环境，因而它能在死海中继续生存。放射性和高盐浓度能对嗜盐杆菌的DNA造成同一类型的损伤，所以一旦微生物适应了高盐浓度的环境，面对强烈的放射环境，已经形成的自我修复机制就会发生作用。这就是嗜盐杆菌在放射性下也能继续生存的原因。

抗辐射微生物

普通微生物被 1000～1500Gy 的放射线照射后会死亡。有一种微生物在几万戈瑞的照射下也不会死亡。到目前为止有微生物能承受的最大放射线照射达到 5 万 Gy。抗辐射微生物对辐射仅有抗性或耐受性，而不是"嗜好"。其中微生物接触最多、最频繁的是太阳光中的紫外线。生物具有多种防御机制，使它免

▲图中展示的细菌 HalobacteriumNRC-1 是地球上抗辐射能力最强的生物，能够经受住 1.8万 Gy（吸收剂量）辐射（10 Gy 辐射便可致人死亡）。

自然传奇丛书

受放射线的损伤，能在损伤后加以修复。抗辐射的微生物防御机制很发达，因此被作为生物抗辐射机制研究的极好材料。

知识广播

什么是吸收剂量？

所谓吸收剂量是指单位质量物质接收电离辐射的平均能量。它是描述电离辐射能量的量。当电离辐射与物质作用时，其部分或全部能量可沉积于受照介质中。

目前常用的单位是戈瑞（Gy），它相当于 1 千克物质接受 1 焦耳的能量。

嗜热和嗜冷微生物

嗜热微生物生活在海底火山口、热泉、堆肥及太阳辐射极高的地表等高温环境。嗜热菌一般指在 55 ℃ 以上的高温环境中生长、繁殖的细菌。菌种不同，其生长温度的上限也不同，有的可达 90 ℃ 以上。意大利的海底火山喷口发现一种古细菌，能生活在 110 ℃ 以上高温中，最适温度为 98 ℃，降至 84 ℃ 即停止生长。斯坦福大学科学家发现的一种嗜热菌，最适生长温度为 100 ℃，80 ℃ 以下立即失活。世界上最早发现嗜热微生物的地方是美国黄石国家公园的热泉中，其水温高达 82 ℃。目前所发现的最嗜热的微生物是一种叫作热叶菌的古菌，能在 113 ℃ 的极端环境下生长。

北冰洋海底发现的"海底黑烟囱"是 20 世纪海洋科学最重大发现之一。科学家在北冰洋"海底黑烟囱"群附近还发现了很多细菌和微生物。研究显示，"海底黑烟囱"周围广泛存在古细菌，它们极端嗜热，可直接生存于 80 ℃～120 ℃ 的环境中。并且通过基因组测序发现，这些是属于非常原始的古细菌。科学家因此提出原始生命起源于"海底黑烟囱"周围的理论，认为地球早期的生命可能就是嗜热微生物。

在地球极地冰海环境中存在许多独特的微生物类群。如异养产气泡的

自然传奇丛书

细菌，只在冰海和靠近冰海的环境存在。而最适和它生长的温度为 4 ℃，高于 10 ℃ 则不能生长。

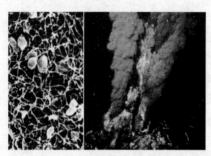

▲深海火山口忍耐高温的细菌

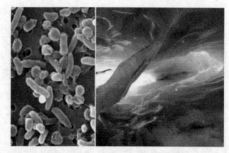

▲格陵兰冰川下沉睡 12 万年的细菌

有瘟神之称的疾病——癌症

癌症是一种令人谈之色变的疾病，对人类来说它就是瘟神。患了癌症的人躺在病床上，被病魔折磨长达数月甚至数年，最终离开人世，是多么悲惨的结局啊！癌症究竟是什么呢？为什么难以治愈呢？

癌症病因

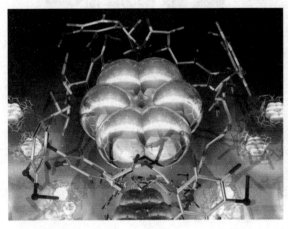

▲对癌细胞宣战

癌症是由人体的正常细胞在多种原因、各种阶段和多次突变下导致的一类疾病。人体中的正常细胞在环境污染、化学污染、电离辐射、遗传、免疫功能紊乱等各种致癌因素、致癌物质的作用下会发生癌变，让人体患上癌症。患有癌症的人通常身体局部组织的细胞异常增生，形成肿块。

癌症致死的原因

癌细胞有无限制增长和能够转移的特点。大量的癌细胞会消耗患者体内更多营养物质。癌细胞能产生多种毒素，引发各种症状，如导致人体消瘦、无力、贫血、食欲不振、发热以及严重的脏器功能受损等等，患者最

自然传奇丛书

终由于器官功能衰竭而死亡。

癌症的症状

癌症是一大类恶性肿瘤的统称。早期癌症症状很少，发展到一定阶段后才逐渐表现出一系列症状。不同癌症发生的部位不同，产生的症状也是各种各样。

出现在身体局部区域的癌可用手在体表或深部触摸到肿块。这些肿块是由癌细胞恶性增殖所形成的。

进入中、晚期的癌症会出现疼痛。疼痛是由癌细胞侵犯神经所造成的。起初由隐痛逐渐加重，直至变得难以忍受。

自然传奇丛书

▲致癌金字塔，塔尖是易致癌食品，塔底是健康食品

某些体表癌的癌组织生长快，会因营养供应不足出现组织坏死，形成溃疡。如某些乳腺癌可在乳房处出现火山口样或菜花样溃疡，还会分泌血性分泌物，被感染时有恶臭味。此外，胃癌、结肠癌也可形成溃疡，一般只有通过胃镜、结肠镜才可以观察到。

癌组织侵犯血管或癌组织小血管破裂会产生出血的现象。如胃癌、结肠癌、食管癌都会产生出血。

讲解——癌症不会传染

先来了解传染的定义。传染就是某种疾病从一个人身上通过某种途径传播到另一个人身上。传染必须具备三个条件：传染源、传播途径及易感人群，三者缺

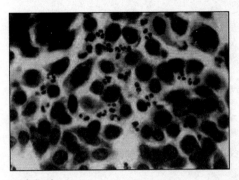

▲癌细胞

一不可。临床资料证明，癌症病人本身并不是传染源。肿瘤专家做过这样的实验，从癌症病人身上取下的癌组织直接种植在另一个人身上，并不能成活生长。

目前世界卫生组织未将癌症列为传染病，收治癌症病人也没有采取像传染病那样的隔离措施。所以家人或朋友得了癌症，不要顾虑传染，而应该多陪陪他们，奉献自己的温暖和爱心。

诱发癌症的病毒

20世纪初人类发现病毒能诱发癌症，这类病毒被命名为肿瘤病毒。它可以诱发肿瘤或使细胞恶性转化。肿瘤病毒诱发癌症的方式有两种：一种方式是它本身含有癌基因，在细胞内表达，引起转化；另一种方式是人体细胞内本身就有原癌基因，这种基因在正常情况下不会转化为肿瘤细胞，但是在病毒的感染下，可以促使它转化成肿瘤细胞。

▲癌症患者

目前研究得知 Epstein-Barr Virus（EB）病毒可以诱发鼻癌；单纯疱疹病毒可以引起宫颈癌；人乳头瘤病毒与泌尿生殖道的恶性肿瘤有关；乙肝病毒可以导致肝癌；嗜人 T 淋巴细胞病毒与白血病有关。

小贴士——预防癌症

预防癌症四注意：

第一，不要抽烟。抽烟的人有一半会死于与抽烟相关的疾病，其中很多是癌症。

第二，注意饮食。美国癌症协会建议人们应该每天至少吃五种不同的蔬菜和水果，这是帮助抗癌的有效办法。

第三，多做运动。中度运动是科学家推荐的运动方式。据研究，每天散步一小时可以把患结肠癌的可能性降低 46 ％。

第四，当心遗传。遗传可能导致基因中有致癌因素。如果直系亲属（父母、兄弟姐妹、子女）有过癌症，那么你可能需要在比较年轻的时候就做定期检查。

讲解——肿瘤等于癌症吗？

人们常常把肿瘤与癌症混为一谈，认为肿瘤就是癌症，癌症就是肿瘤，其实两者有根本的不同。肿瘤包括良性肿瘤和恶性肿瘤两类，恶性程度介于两者之间的又称为"交界瘤"，所以肿瘤不等于癌症。恶性肿瘤分两大类，癌与肉瘤。根据发生部位和组织来源进行命名。

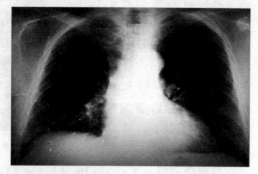

▲肺癌患者的 X 光片

生长于上皮组织的恶性肿瘤称为"癌"。所谓上皮组织，是指分布在人体表面和人体内所有的空腔脏器，如口腔、食管、胃、肠管等器官。这些器官如有恶性肿瘤生长，则分别称为口腔癌、食管癌、胃癌、肠癌等。

人体结缔组织，如脂肪、肌肉、骨骼、淋巴、造血组织等发生的恶性肿瘤，统称为"肉瘤"，如脂肪肉瘤、平滑肌肉瘤、骨肉瘤、淋巴肉瘤等。

自
然
传
奇
丛
书

微生物，恶魔的化身

广角镜——癌症的遗传

癌症是否遗传到现在还不明确，但是有许多证据表明癌症确实与遗传有一定关系。

遗传的物质基础是基因。正常人体内有两类基因，一类叫原癌基因，另一类叫抑癌基因。原癌基因也叫作癌基因，如果发生突变，可以导致遗传失调，再通过内外因素的作用，使正常细胞变成癌细胞。抑癌基因有抑制、拮抗癌基因的功能，或直接抑制癌细胞的生长，对人体有利。如果抑癌基因发生突变，也可导致细胞生长失调而发生癌变。原癌基因和抑癌基因可以说是对立统一的，如果原癌基因或者抑癌基因两者之一发生突变，就有可能发生癌症。

动 动 手

上网查一查我国的癌症村，了解一下导致这些村子癌症高发的原因是什么？我们生活中为了预防癌症应该注意什么？

自然传奇丛书

超级绝症——艾滋病

自 1981 年 6 月美国发现第一例艾滋病患者的那一刻起，人类陷入了新的恐慌中。其他烈性疾病还未消失又爆发了新的可怕传染病，无疑对人类是雪上加霜。艾滋病的传染性极强，在短时间内就蔓延到了世界各地。无数的生命被它折磨致死，无数个家庭因它支离破碎。让我们看看这个恶魔犯下的罪恶，揭开它的真面目。

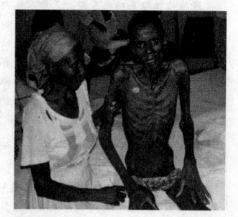
▲艾滋病患者

病 名 由 来

艾滋病，即获得性免疫缺陷综合征。英语缩写 AIDS 的音译，曾译为"艾滋病""爱死病"。艾滋病病毒（又称人类免疫缺陷病毒）分为两个类型：HIV－1 型和 HIV－2 型，都属于传染病毒。艾滋病被称为"史后世纪的瘟疫"，也被称为"超级癌症""世纪杀手"。

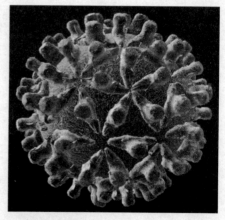
▲艾滋病病毒

病毒攻击

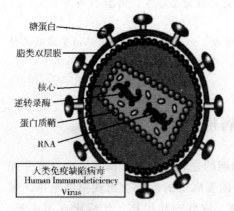

糖蛋白
脂类双层膜
核心
逆转录酶
蛋白质鞘
RNA

人类免疫缺陷病毒
Human Immunodeticiency
Virus

▲艾滋病病毒结构

HIV 是一种能攻击人体内脏系统的病毒。它把人体免疫系统中最重要的 T4 淋巴组织作为攻击目标，大量破坏 T4 淋巴组织，产生致命性的内衰竭。这种病毒破坏人的免疫平衡，使人体成为各种疾病的载体。HIV 本身并不会引发任何疾病，而是当免疫系统被 HIV 破坏后，人体由于抵抗能力过低，丧失复制免疫细胞的机会，从而感染其他的疾病导致各种复合感染而死亡。艾滋病病毒在人体内的潜伏期平均为 9～10 年，在发展成艾滋病病人以前，病人外表看上去正常，他们可以没有任何症状地生活和工作很多年。

广角镜——艾滋病的起源与发展

1959 年，一个从刚果森林中走出的土著人，被邀请参与一项和血液传染病有关的研究。他的血液样本经化验后，便被冷藏。数十年后，这份血液样本竟然成为解开艾滋病来源的重要线索，确定了艾滋病起源于非洲。

后来，艾滋病由非洲移民带入美国。1981 年 6 月 5 日，美国亚特兰大疾病控制中心在《发病率与死亡率周刊》上简要介绍了 5 例艾滋病病人的病史，这是世界上第一次有关艾滋病的正式记载。1982 年，这种疾病被命名为"艾滋病"。不久以后，艾滋病迅速蔓延到各大洲。

艾滋病严重地威胁着人类的生存和社会的发展，已引起世界卫生组织及各国政府的高度重视。

到 2005 年底，全球共有 3860 万名艾滋病病毒感染者，当年新增艾滋病病毒感染者 410 万人，另有 280 万人死于艾滋病。2006 年 5 月 30 日，联合国艾滋病规划署宣布自1981年6月首次确认艾滋病以来，25年间全球累计有6500万人感染艾滋病病毒，其中近380多万人死亡。在全球努力防治艾滋病的行动下，到2007年艾滋病流行首次呈现缓和趋势。2007年全球新增艾滋病毒感染者270万，比2001年下降了30万；因艾滋病死亡的人数为200万，比2001年下降20万。但感染艾滋病的患者每年仍在增长。

全世界医学研究人员付出了巨大的努力，但至今尚未研制出根治艾滋病的特效药物，也没有可用于预防的有效疫苗。目前，这种病死亡率几乎高达100％，故此我们把其称为"超级绝症"。

艾滋病症状

艾滋病的症状多种多样，一般初期的症状有伤风、流感、全身疲劳无力、食欲减退、发热，体重减轻等。随着病情的加重会出现单纯疱疹、带状疱疹、紫斑、血肿、血疱、滞血斑、皮肤容易损伤、伤后出血不止等。以后病毒渐渐侵犯内脏器官，不断出现原因不明的持续性发热，还可出现咳嗽、气短、持续性腹泻便血、肝脾肿大、并发恶性肿瘤、呼吸困难等严重症状。但是并非每个患者上述所有症状全都出现。

▲艾滋病晚期病人

自然传奇丛书

艾滋病的传播方式

性传播

艾滋病病毒可通过性交传播。生殖器患有性病或溃疡时，会增加感染病毒的危险。艾滋病病毒感染者的精液或阴道分泌物中有大量的病毒，通过肛门性交、阴道性交、就会传播病毒。

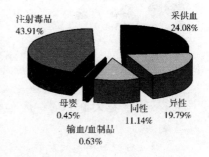

注射毒品 43.91%
采供血 24.08%
母婴 0.45%
同性 11.14%
异性 19.79%
输血/血制品 0.63%

▲艾滋病传播方式

血液传播

若血液里有艾滋病病毒，输入此血者将会被感染。但是随着全世界对艾滋病的认识逐渐加深，基本上所有的血液用品都必须经过检验是否安全。

共用针具的传播

使用不洁针具可以使艾滋病病毒从一个人传到另一个人。例如，静脉吸毒者共用针具；医院里重复使用针具、吊针等。除了艾滋病病毒，其他疾病（例如肝炎）也可能通过针具而传播。

母婴传播

如果母亲是艾滋病感染者，那么她很有可能会在怀孕、分娩过程或是通过母乳喂养使她的孩子受到感染。

艾滋病病毒的弱点

虽然艾滋病病毒可以说见缝就钻，但是这些病毒也有其弱点。它们只能在活细胞的血液和体液中生存，不能在空气中、水中和食物中存活。离开了这些血液和体液，这些病毒会很快死亡。只有带病毒的血液或体液从一个人体内直接进入到另一个人体内时才能传播。它也和乙肝病毒一样，

自然传奇丛书

生物的魔咒

进入消化道后就会被消化道内的蛋白酶所破坏。因此，日常生活中的接触，如握手、接吻、共餐、生活在同一房间或办公室、接触电话、门把、便具、接触汗液或泪液等都不会感染艾滋病。

知识广播

为什么蚊虫不会传染艾滋病病毒？

　　蚊虫的叮咬可传播其他疾病（如疟疾），但是不会传播艾滋病病毒。蚊子传播疟疾是因为疟原虫进入蚊子体内并大量繁殖，带有疟原虫的蚊子再叮咬其他人时，便会把疟原虫注入另一个人的身体中，令被叮者感染。

　　蚊虫叮咬一个人的时候，它们并不会将自己或者前面那个被吸过血的人血液注入。它们只会将自己的唾液注入，这样可以防止此人的血液发生自然凝固。它们的唾液中并没有艾滋病病毒。

万花筒——红丝带的由来及含义

　　20世纪80年代末，人们视艾滋病为一种可怕的疾病。美国的艺术家们就用红丝带来默默悼念身边死于艾滋病的同伴。在一次世界艾滋病大会上，艾滋病病人和感染者齐声呼吁人们的理解。此时，一条长长的红丝带被抛在会场的上空。支持者将红丝带剪成小段，并用别针将折叠好的红丝带标志别在胸前。寓意着红丝带像一条纽带，将世界人民紧紧联系在一起，共同抗击艾滋病。它象征着众人对艾滋病病毒感染者的关心与支持；象征着众人对生命的热爱和对平等的渴望；象征着众人要用"心"来参与预防艾滋病的工作。

▲艾滋病红丝带

自然传奇丛书

小贴士——预防艾滋病的有效措施

1. 坚持洁身自爱，不卖淫、嫖娼，避免婚前、婚外性行为。

2. 严禁吸毒，不与他人共用注射器。

3. 不要擅自输血和使用血制品，要在医生的指导下使用。

4. 不要借用或共用牙刷、剃须刀、刮脸刀等个人用品。

5. 受艾滋病感染的妇女避免怀孕、哺乳。

6. 要避免直接与艾滋病患者的血液、精液、乳汁和尿液接触，切断其传播途径。

戴着口罩的日子——"非典"

2002 年 12 月，我国广东报告了首例 SARS 病人（即"非典病人"），随即掀起一场大面积感染。据卫计委统计这次非典病毒的传染范围：中国内地累计病例 5327 例，死亡 349 人；中国香港 1755 例，死亡 300 人；中国台湾 665 例，死亡 180 人；加拿大 251 例，死亡 41 人；新加坡 238 例，死亡 33 人；越南 63 例，死亡 5 人。

▲北京"抗非"一线

非典病毒及传播途径

典型肺炎是由肺炎链球菌等常见细菌引起的大叶型肺炎或支气管肺炎。传染性非典型肺炎是一种由冠状病毒引起的简称 SARS 的严重急性呼吸综合征。感染了这种病毒后的主要症状是发热、胸闷、干咳，且病情会很快转为严重的呼吸系统衰竭。

非典是一种新的呼吸道传染病，传染性极强。非典以患者为主要的

▲SARS 病毒

传染源，SARS 冠状病毒主要通过近距离飞沫传播（如打喷嚏等），接触患者的分泌物及密切接触传播。

自然传奇丛书

名人介绍——钟南山

▲钟南山

钟南山，有着中国知识分子的智慧与刚毅。说到他，广东几乎无人不晓。

出身医学世家的钟南山是广东医疗卫生界首位中国工程院院士，在呼吸道疾病，特别是慢性支气管炎与哮喘病的诊治方面独树一帜。

突如其来的非典型肺炎，把钟南山推到了一场大战的最前线。"医德的内涵是什么？我认为主要体现于'想方设法为病人看好病'。"钟南山如此平和地诠释他的职业。

出身医学世家的钟南山，是位屡创医学奇迹的呼吸病专家。作为广州医学院第一附属医院呼吸病研究所所长，钟南山和同事们一道冲在救治"非典"病人的最前线。

历史不会忘记为防治"非典"无私无畏、勇于奉献的白衣战士，不会忘记钟南山——这位中国医疗界的杰出代表，站在抗击非典型肺炎最前沿的科学家。

▲南京下关区市中心小学的全体师生在操场上排成"SARS"字样，进行宣誓，以表达齐心协力抗击"非典"的决心。

自然传奇丛书

广角镜——SARS 灭绝了吗？

　　SARS 病毒真的灭绝了吗？因为有很多病毒在销声匿迹几年甚至几十年后，又重新开始流行。

　　非典是否已经灭绝让美国专家和中国专家进行了一番争论。美国病毒专家曾说过，"非典病毒在自然界已被彻底消灭，非典病毒只有从零开始再度进化。在实验室意外泄漏或者发生生物恐怖袭击被释放，才会再次出现"。但是我国专家认为非典病毒出现仅仅只有几年时间，而且不能确定其真正来源，这时候称非典病毒已经在自然界灭绝，显

▲嫌疑犯——果子狸

然为时过早。同时钟南山教授也指出了美国得出的这一结论缺乏流行病学论证和动物测验，没有说明得出此结论前曾经在多少头果子狸身上做过试验。如果仅仅从有限的几头果子狸身上没有发现非典冠状病毒，就得出"非典病毒已从自然界灭绝"的结论，不仅太武断，而且很容易给人们带来误导。

　　根据基因测序发现寄存在果子狸身上的冠状病毒与人身上的非典冠状病毒的基因序列相似程度达到了 99 %，也就是说只是这 1 %的差异就决定了非典冠状病毒的致病性，而果子狸身上这种类型的冠状病毒，对它不会有任何危害，也不会直接传染给人类。但专家也不排除非典冠状病毒，是经由果子狸体内的冠状病毒发生变异，再传染给人类的。在还没弄清楚果子狸体内冠状病毒在何种条件下会进化之前，危险一直都在潜伏着。

　　判定一种病毒已经消失，至少需要两个条件：第一，在 5～10 年之内，全世界范围内已经没有新病例出现；第二，全世界多点进行监测，在以往肯定的病毒宿主里面，没有分离出病毒。

变异的感冒——甲型 H1N1 流感

自 2009 年 3 月 18 日起，墨西哥陆续发现人类感染猪流感并发生了死亡病例。该病迅速在全球范围内蔓延。世界卫生组织初始将此类流感称为"人感染猪流感"，后将其更名为"甲型 H1N1 流感"。从 4 月 27 日起，世界卫生组织将 H1N1 流感病毒从 3 级升到 4 级警报，5 月 2 日后又升级至 5 级警报。6 月 11 日世界卫生组织决定，警戒级别由 5 级提升至 6 级最高级别，全球进入流感大流行阶段。

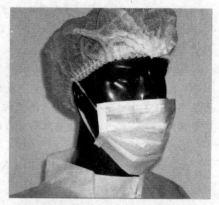

▲甲流流行期间，大家都戴起了口罩

自然传奇丛书

甲型 H1N1 流感病毒

导致这次疫情的病毒为 A 型流感病毒，即甲型 H1N1 流感病毒毒株。该毒株包含猪流感、禽流感和人流感三种流感病毒的基因片断，是一种新型流感病毒，可以人传染人。甲型 H1N1 病毒其遗传物质为 RNA。病毒颗粒呈球状，直径为 80～120 nm，有囊膜。

世卫组织宣布从 2009 年 4 月 30 日起，开始使用"甲型（H1N1）流感"而非"猪流感"来指代当前疫情。之所以更改当前疫情的叫法，是因为"猪流感"一词容易误导消费者，认为吃猪

▲体态细长的甲型 H1N1 流感病毒

肉会传染，对猪肉市场带来很大的冲击。

小资料：甲型 H1N1 流感疫情通报

自 2009 年 3 月 18 日墨西哥陆续发现人类感染猪流感并发生了死亡病例，到 2009 年 12 月 30 日世界卫生组织公布截至 2009 年 12 月 27 日，甲型 H1N1 流感在全球已造成至少 12 220 人死亡，一周内新增死亡人数 704 人。其中美洲地区死亡人数最多，达到 6 670 人。

据中国卫计委通报，截至 2010 年 1 月 10 日，中国内地已有 124 764 例甲型 H1N1 流感确诊病例（不包括临床诊断病例），其中 744 例死亡。除海南外，所有省区都报告了死亡病例。疫情正继续向农村蔓延、社区扩散。数据分析提示，慢性基础病患者、肥胖人群和妊娠妇女易成为甲型 H1N1 流感重症、危重症患者。

甲型 H1N1 流感症状

甲型 H1N1 流感的潜伏期需要 1～7 天，要比流感、禽流感的潜伏期长。但往往发病时来势汹汹。患者会突然发高烧，体温能超过 38 ℃，接着会相继引发严重肺炎、肺出血、胸腔积液、肾衰竭、败血症、呼吸衰竭及多器官损伤等症状，这些引发的疾病才是最终导致死亡的真正原因。

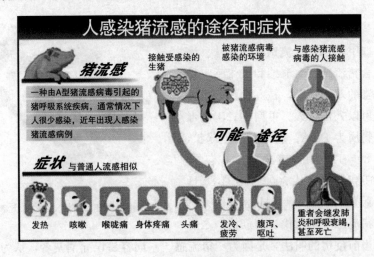

链接——甲型 H1N1 流感传播途径

1. 以感染者的咳嗽和喷嚏为媒介，因此不宜在人群密集的环境逗留。

2. 一定不要直接接触患者的身体，研究发现甲型 H1N1 流感病毒可留存在一些物体表面，先通过手碰触过后再与口、鼻接触进行传播。

广角镜——流感的命名

流感病毒分为甲型（A 型）流感病毒、乙型（B 型）流感病毒和丙型（C 型）流感病毒三种类型。每种流感病毒所感染的对象和影响程度不同。甲型流感病毒感染哺乳动物以及鸟类；乙型流感病毒只感染人类，而且没有甲型病毒那么恶劣；丙型流感病毒虽然只会感染人类，但是不会引起严重的疾病，无须过于紧张。

三种流感病毒当中唯有甲型流感病毒最具杀伤力。为什么此次的甲型流感病毒又被称为甲型 H1N1 流感病毒呢？

先来了解一下名称当中的 H 和 N 两个字母代表了什么？H 是红细胞凝集素英文名称的第一个字母，有人将它比做是一把钥匙，它可以打开宿主细胞的大门。N 是神经氨酸苷酶英文名称的第一个字母，能够破坏细胞的受体，使病毒在宿主体内自由传播。

名称当中的数字又是代表了什么呢？甲型流感病毒是由不同形态的红细胞凝集素和神经氨酸苷酶排列组合而成的。已经证实有 15 种 H 型和 9 种 N 型。甲型流感病毒可由 15 种 H 型和 9 种 N 型进行排列组合，比如 H1N1。

甲型 H1N1 流感预防

目前最有效的预防方法是疫苗。但很多人还是不愿注射，主要原因是注射疫苗有风险。疫苗确实有风险，但非常小。美国早在 1976 年为了防治猪流感，为 4800 万人注射了疫苗，其中有 532 人得了 Guillain – Barrésyndrome（一种能导致瘫痪的病），25 人死亡，发病率大致为每 10 万人有 1 例。但是，这种流感病毒本身就可以造成 Guillain –

自然传奇丛书

Barrésyndrome，发病率为每 10 万人有 2 例。

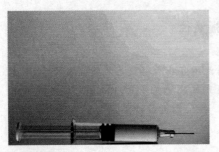

▲流感疫苗

▲如何预防猪流感

 你知道吗？

甲型 H1N1 流感（原称"人感染猪流感"）纳入《中华人民共和国传染病防治法》规定的乙类传染病，并采取甲类传染病的预防、控制措施。

甲型 H1N1 流感（原称"人感染猪流感"）纳入《中华人民共和国国境卫生检疫法》规定的检疫传染病管理。

鲜为人知的植物

　　在物竞天择、弱肉强食的大自然中，植物并非就处在食物链的最底层，仅仅扮演着生产者、弱者的角色。在庞大的植物家族里，有着这样一群不同寻常的植物：它们有着温柔的外表、凶残的内心。它们可以捕捉小昆虫，甚至是袭击人类。深入地了解它们，才能真正地、全面地认识我们身边不可或缺的伙伴——植物。

切勿随意靠近我——不温柔的植物（上）

同在一个星球，同样享受着阳光雨露的滋养，不同的是它们还有着不同于一般植物的特性。它们能够捕食昆虫，这就是奇趣的"食虫植物"。它们是植物界的"杀手"，这令人想起那遥远的传说——原始森林中恐怖的"食人植物"！

食虫植物到底是怎么样的呢？一起来阅读这一节的内容吧！

▲食虫植物

我不吃素——食虫植物

食虫植物是一类稀有的植物种群，已知的食虫植物在全世界共有 10 科 21 属，约 600 多种。典型的如猪笼草、捕蝇草、茅膏菜、瓶子草等。大多生活在高山、湿地或低地沼泽中，以诱捕昆虫或小动物来补充营养。

我的家族

目前世界上现存食虫植物可约略分八大科，共有 600 多种。分别为：

▲猪笼草捕虫袋

自然传奇丛书

（1）瓶子草科：眼镜蛇瓶子草属，太阳瓶子草属以及瓶子草属

（2）猪笼草科：猪笼草属

（3）茅膏菜科：貉藻属，捕蝇草属，毛毡苔属

（4）露叶毛毡苔科：露叶毛毡苔属

（5）Byblidaceae 科：Byblidaceae 属

（6）Cephalotaceae 科：土瓶草属

（7）狸藻科：捕虫堇属，狸藻属和螺旋狸藻属

（8）凤梨科 Bromeliaceae：Brocchinia 属和 Catopsis 属

猪笼草

猪笼草主要分布于东南亚几个大岛、婆罗洲、苏门答腊等地。不过在印度、中国及澳洲等地也有零星的分布。此科将近90种，猪笼草最大的特色是叶子末端形成笼子状，最小约一个乒乓球大，最大则可以把一个成人的头罩起来。由于猪笼草的笼子观赏价值很高，所以猪笼草作为观赏植物被大量繁殖。

猪笼草最一种神奇的热带食虫植物。叶的 ▲猪笼草
顶端有一个带盖的捕虫袋，里面能分泌蜜汁和消化液。经不起袋口蜜汁诱惑的昆虫失足掉进捕虫袋后，袋内的消化液可以把昆虫消化吸收掉。

知识广播

科幻小说常描述探险家不小心被食人花吞食，命丧黄泉，虽然食人花不存在于现实世界，但以食人花为构思原型的猪笼草却是存在于这个世界。

广角镜——猪笼草居住的地方

在猪笼草科食虫植物中，仅猪笼草属 Nepenthes 属，全属约 120 种。猪笼草

自然传奇丛书

属于热带植物，主产于东南亚各国和大洋洲的巴布亚新几内亚。我国也有一个野生种 Nmirabilis，分布于广东、广西、海南等沿海地区。猪笼草的原产地多为山区、石灰岩、高地，海拔在 1 000～3 500 米，高山地区云雾缭绕，冷凉潮湿，日夜温差大。有的猪笼草原产于低地沼泽区或者海滨沙地，海拔 1 000 米以下，终年温暖湿润。依据以上两种不同的生长环境，栽培上人们将其分为高地种植和低地种植两大类。高地种植的品种较多，占全属的 2/3，另 1/3 为低地种植，

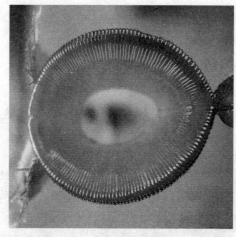

▲猪笼草

这两种在人工栽培时对温度的要求有较大的差异。

猪笼草的动人传说

猪笼草的属名来源于希腊文，意为解除痛苦。传说猪笼草捕虫袋内的消化液人饮用后有提神和兴奋的作用，令人忘却痛苦，所以也有人称其为忘忧草。猪笼草不但具有观赏价值，还可入药，它具有清热利尿、消炎止咳的功效。在台湾有人开发了猪笼草茶和果冻。在我国的南方，有"猪笼入水财源滚滚、袋袋（代代）平安"的说法，为猪笼草赋予了美好的象征意义。

点击——猪笼草的相貌

猪笼草为多年生藤本或直立草本植物，茎木质或半木质。有些野生猪笼草的植株可长达 20 米，攀缘于树木或者平卧地面而生。

叶一般为长椭圆形，顶端有卷须，以便于攀缘，在卷须的末段会形成一个瓶状或漏斗状的捕虫器，并带有顶盖。

猪笼草生长多年后才会开花，花一般为总状花序或圆锥花序，雌雄异株，花小而普通，观赏性无法与捕虫器相比。果为蒴果，成熟时开裂散出种子。

自然传奇丛书

种植猪笼草的主要目的是用作观赏，而观赏的焦点是它的捕虫器——"笼子"。笼子色彩鲜艳，造型奇特，是非常精致奇妙的捕虫工具，具有极高的观赏价值。

轶闻趣事——猪笼草的武器

▲猪笼草的笼子

不同品种的猪笼草其笼子形态各异，即使是同一棵多数也能长出两种不同形态的笼子，一般生长于下部的笼子较胖、较圆、较大，称之为低位笼或下位笼。生长于上部的笼子较长、较细，偏向于漏斗状，称之为高位笼或上位笼。笼的口缘外翻，并有一条条光滑的凹槽伸向笼口内缘，当昆虫滑落时可起到导向作用。笼口的上部长有顶盖，可防止雨水或其他杂物落入笼中，并可阻挡上部射入的光线，迷惑落入笼中的昆虫，使其找不到出口。也有个别的猪笼草如苹果猪笼草，顶盖窄长并外翻，使笼口可接到从上面掉落的鸟粪、雨水等。在笼子的表面、笼盖的对侧，常会有两条平行的翼，从笼口延伸，向下汇集于笼底，它的功能也许是方便昆虫等小动物从笼子的底部攀爬至笼口，是整个完美的"死亡陷阱"的一部分。

猪笼草靠如此奇妙的笼子捕捉昆虫，笼子开口的边缘会分泌蜜汁，受此吸引的昆虫采食时滑落笼中，笼子内壁光滑无法爬出，笼内分泌的消化液可将昆虫淹死并消化吸收。很多人以为昆虫落入笼子后笼盖会盖上，实际上笼子打开笼盖后是无法再盖回去的！

▲猪笼草的捕食全过程

猪笼草有些品种的笼子最大可长到50厘米，直径25厘米。据说，以前东南亚有些地区的居民常将猪笼草的笼子当快餐盒装饭出售给游客食用。

维纳斯的苍蝇拍——捕蝇草

捕蝇草是一种非常有趣的食虫植物，它叶的顶端长有一个酷似"贝壳"的捕虫夹，且能分泌蜜汁，当有小虫闯入时能以极快的速度将其夹住，并消化吸收。

▲捕蝇草

 捕蝇草名字的由来

捕蝇草属茅膏菜科捕蝇草属，希腊神话当中的海洋女神狄俄涅，她与宙斯生下了维纳斯女神（爱与美之神）。而捕蝇草的英文名为 Venus Flytrap，直译过来就是"维纳斯的苍蝇拍"，非常美丽而又有想象力的名字，那捕蝇草的夹子正酷似女神的光环，有无法抗拒的魅力。

▲捕蝇草的捕虫夹

 轶闻趣事——捕蝇草的武器

捕蝇草的捕虫夹是一个功能强大，"机关重重"的捕虫陷阱。它能如贝壳一样感受外部的刺激，并以极快的速度闭合。但贝壳是为了防御，而它却是主动进攻，捕获昆虫等猎物。捕蝇草高超的捕猎本领令其他食虫植物都黯然失色。它是食虫植物界顶尖的"猎手"。

自然传奇丛书

捕蝇草的捕虫夹边缘排列着十多根刺状的毛，内侧两边各有3根细小的感觉毛（个别也有多1～2根的可能）。平时夹子呈60度张开，夹子内侧能分泌蜜汁，表面光亮且一般呈现出鲜艳的红色。当昆虫被吸引，爬到夹子内如果触动其中1根感觉毛2次或者触动2根感觉毛，那么捕虫夹就会以极快的速度闭合，将昆虫夹住。夹子两边的刺毛会相互交叉，防止猎物逃脱。

▲捕蝇草的捕虫夹

▲捕蝇草的捕虫夹

接着，夹子继续夹紧，像贝壳一样紧闭。此时夹子内壁的腺体开始分泌消化液，1～2个星期之后，昆虫被消化吸收。捕虫夹再次打开，剩下无法消化的昆虫外壳被风雨带走，新的"狩猎"又开始了。

小博士——捕虫器的狩猎过程

▲捕蝇草的囊中物

奇妙的捕虫夹，它是如何完成一次"狩猎"过程的呢？它有一个快速的信息处理中心，来控制捕虫夹的活动。捕虫夹的闭合需严格特定的碰触条件，当夹子内的感觉毛被触动，其就像一个杠杆压迫感觉毛基部的感觉细胞，将信息传递给捕虫夹的信息处理中心。当在一定的时间内达到一定的碰触次数，信息处理中心就会发出闭合指令，夹子外侧的细胞膨大，内侧细胞收缩，使夹子向内闭合，在通过局部的调整使夹子充分紧闭。捕虫夹的闭合速度还与温度有关，温度越高闭合速度越快，所以夏天夹子的闭合速度会比其他季节快很多。

切勿随意靠近我——不温柔的植物（下）

食虫植物是一个"危险"的种群，当你被它的美丽所吸引的时候，你就像掉落陷阱的一只昆虫一样无助，在它的陷阱里越陷越深。其实它们远比我们想象的要更厉害，不仅能捕食一些小昆虫，还能猎获小型的蛙类、蜥蜴等。

▲茅膏菜

自然传奇丛书

精致迷人的茅膏菜

茅膏菜是一个弱小的种群，它们以极端的美丽闪烁在贫瘠寂静的原野上，用独特的方式与自然抗争着。它的外表上仿佛挂满了露珠，晶莹剔透。它的叶片上长有腺毛，能分泌黏液，它们能像粘纸一样把昆虫粘住，并消化吸收。

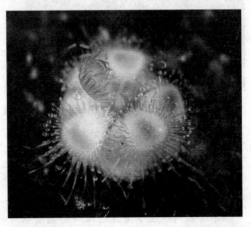

▲茅膏菜

▲茅膏菜

广角镜——茅膏菜的形态

▲茅膏菜

茅膏菜为多年生或一年生草本植物，有球根或须根。多数植株矮小，高约不足1厘米至十多厘米，但也有少数球根类品种可高达1米左右。叶的形状多样，有匙形、带形、卵圆形或线形。叶面长有许多红色、绿色或黄色的腺毛，可分泌黏液将小虫粘住。

茅膏菜的花一般有5片白色或粉红色花瓣，通常许多小花排列成顶生或腋生的伞状花序。茅膏菜的花上午开放，下午闭合。蒴果成熟时会开裂，散出细小的种子。

轶闻趣事——茅膏菜的武器

茅膏菜的叶上长着像露珠一样晶莹剔透的腺毛，这就是它们的捕虫器。

腺毛的顶端有一个球状体，时常呈现出鲜艳的色彩，大多为红色，上面布满腺体，能分泌吸引昆虫的蜜汁与黏液的混合物和消化酶。外表就像是嵌有红宝石的水晶，无法将它与昆虫的死亡陷阱联系起来。

　　当挡不住诱惑的昆虫来采食时，却发现自己已被粘住，恐慌中竭力地挣扎，结果周围的腺毛一起弯过来，有时叶片也会随之卷起，粘得更牢了。

　　无法逃脱的昆虫被这些腺毛消化吸收，等消化吸收完全后，叶片和腺毛又重新展开，等待新的猎物。

▲茅膏菜的捕虫器

▲茅膏菜的花

自然传奇丛书

大气高雅的瓶子草

　　叶子成瓶状直立或侧卧，大多颜色鲜艳，有绚丽的斑点或网纹，形态和猪笼草的笼子相似，这就是瓶子草。

▲瓶子草

▲将入"虎口"

瓶子草是一种体形相对较大，气质高雅的食虫植物。叶子和猪笼草的笼子相似，能分泌蜜汁和消化液。瓶子草为多年生草本植物，根状茎匍匐，须根。叶呈瓶状并带有顶盖，每一张瓶状叶就是一个捕虫器。瓶子草的花茎从叶基部抽出，花较大，且很有特点，花蕊长有一个巨大的盔状柱头，花为黄绿色或深红色，具有很高的观赏价值。果为蒴果，内含较多细小的种子，成熟后开裂弹出种子。

轶闻趣事——瓶子草的捕虫器

瓶子草的瓶状叶是很有效的昆虫陷阱，它外表色彩鲜艳，光滑的瓶口处能分泌蜜汁，靠瓶盖一侧长有许多向下的刺毛延伸至整个瓶盖内侧。那些刺毛使昆虫误以为能够攀爬，实际却很容易跌落。

瓶内有瓶壁分泌的消化液，但时常被雨水冲淡。当贪婪的昆虫被吸引来采食蜜汁，为了吃到更多的蜜汁慢慢靠近瓶口的内侧，一不小心跌落瓶内的消化液中，瓶内壁光滑无法爬出，昆虫溺死后被瓶内的消化液和细菌分解，变为营养后又被瓶壁吸收，最后剩下无法分解的躯壳留于瓶内。

▲瓶子草

自然传奇丛书

食虫的狸藻

狸藻是小型食虫植物，具有可活动的囊状捕虫结构，能将小生物吸入囊中，并消化吸收。狸藻品种众多，形态各异，一般都成片生长在湿地、池塘甚至是热带雨林长满苔藓的树干上。多数狸藻有漫长的花期，会开出成片可爱的小花。

▲狸藻

狸藻的形态

狸藻为多年生草本植物（少数为一年生），可生于池塘、沟渠、湿地、热带雨林的树干等处。狸藻具有长长的匍匐茎枝，无根，叶轮生或者单叶，生于匍匐枝上，水生种群叶成丝状，多有分叉，捕虫囊生于匍匐枝或者叶的基部。花茎细长，总状花序或一花顶生，花冠二唇形，基部多有距。蒴果球形，成熟时开裂散出细小的种子。

狸藻的捕虫器

狸藻的捕虫囊生于匍匐枝或者叶的基部，多数成扁球形半透明状，直径0.25～10毫米。捕虫囊开口周围长有触角，用以吸引小生物，并有一定的导向作用，将猎物引导到捕虫囊口。捕虫囊开口处有可以开合的膜瓣，膜瓣的外侧长有感应毛。当水蚤、孑孓（蚊子的幼虫）等小生物为寻找庇护或者是被捕虫囊分泌的蜜汁所吸引来到捕虫囊口，一旦碰触感应毛，原本半瘪的捕虫囊迅速鼓起，形成一股强大的吸力，同时膜瓣打开，将囊口的水流连同猎物一起吸入囊中，并迅速关上膜瓣，整个过程只需约1/100秒。这时捕虫囊开始分泌消化液，细菌也会对营养的分解有较大的帮助，一般只需要几个小时至数天，猎物被消化，营养被捕虫囊壁吸收，多余的水分也被排出，捕虫囊又恢复原状等待下一个猎物。两次捕猎过程最快时，只需间隔15分钟，多次捕猎后剩下的残渣会在捕虫囊内积累，使其颜

自然传奇丛书

色逐渐变暗，最终腐烂脱落。

捕 虫 堇

捕虫堇是有着柔美气质的小型食虫植物，叶片就像是一朵永远盛开的花朵。叶片上面布满能分泌黏液的腺体，当有小昆虫靠近，能像粘纸一样把昆虫粘住，并消化吸收。

捕虫堇的概况

捕虫堇属于狸藻科捕虫堇属，全属约 83 种，世界较多地区都有分布，以墨西哥和欧洲地区品种最多。多数

▲捕虫堇

生长于高山的潮湿岩壁上，也有部分生于湿地沼泽中。

捕虫堇的形态

捕虫堇为多年生草本植物（极少数为一年生），植株直径约 2～15 厘米，须状根，有粗短的根状茎，叶基呈莲座状，叶厚多汁。叶片的正面布满了腺体，能分泌黏液和消化液，捕捉并消化昆虫。部分品种在低温来临时长出不会分泌黏液的肥厚粗短的鳞片状休眠叶。

捕虫堇的花

捕虫堇在春季开花，花茎细长，一花顶生，多为紫色，也有红色、黄色或者白色，花冠 5 裂，上两裂片稍短，下三裂片稍长。一般多年生的品种都需异花授粉才能结种，蒴果呈卵球形，成熟时开裂并散出细小的种子。

▲捕虫堇的花

轶闻趣事——捕虫堇的捕虫器

在捕虫堇的叶片正面密布着两种腺体，一种是带短柄的腺体，它能分泌黏液粘捕昆虫；另一种是无柄的腺体，它专门分泌消化液，将捕获的昆虫消化吸收。当有蚂蚁、蚊子等小昆虫来到叶片上时，会被粘在上面，在短短几分钟时间里，无柄的腺体就开始分泌消化液。

消化液除了帮助分解猎物以外，还具有杀菌的作用，防止在消化的过程中猎物发生腐败。如果粘住的昆虫较大，会刺激大量的消化

▲捕虫堇的花

液分泌，将猎物泡在消化液中。有些品种的叶片边缘也会稍稍向内卷起来，以便更好地与猎物接触，防止逃脱并促进消化吸收。但叶片的运动速度相当的缓慢，往往需要几个小时。

暴脾气的植物——喷瓜和凤仙花

在植物界，有的植物可不是好惹的，当它们果实成熟时，你可不要轻易碰它们哦，要不然，被"子弹"射中可要吃苦头的！

暴脾气老大——喷瓜

▲喷瓜

在欧洲南部，有一种名叫喷瓜的植物。椭圆形的果实上包着层小刺，就像一个还没有长大的小黄瓜，看上去文静又可爱。其实，它可是出了名的坏脾气。秋天，喷瓜的果实成熟了，果皮下包裹着种子的黏性液体就充满了果实的内部，把果皮撑得鼓鼓的。这时候，谁要敢碰碰它，那绝对是炸你没商量。

喷瓜是葫芦科，喷瓜属，别名又叫铁炮瓜。喷瓜是多年生匍匐草本植物，无卷须。花黄色，单性同株，雌花单生，但在同一叶腋内常有雄花的总状花序。喷瓜果实内的黏液有毒，不能让它溅到眼中。

广角镜——"铁炮瓜"的由来

原产欧洲南部的喷瓜，它的果实像个黄瓜。成熟后，生长着种子的多浆质的组织变成黏性液体，挤满果实内部，强烈地膨压着果皮。这时果实如果受到触动，就会"砰"的一声破裂，好像一个鼓足了气的皮球被刺破后的情景一样。喷瓜的这股气很猛，可把种子及黏液喷射出 40～50 尺远。因为它力气大得像放炮，所以人们又叫它"铁炮瓜"。还有比喷瓜果实更有力气的果实吗？人们至今还没有发现。

暴脾气小妹——凤仙花

凤仙花有指甲花、金凤花等别名，古人称之为"媚客"，还被贬为"菊婢"。凤仙花原产于我国、印度、马来西亚等地。

▲凤仙花

凤仙花的英文名字：Garden Balsam，Rose Balsam。中文别名：透骨草、金凤花、洒金花、芨芨草（区别于"芨芨草"）、假桃花、小桃红（因为重瓣花和碧桃花很像）、指甲草、小点红。

凤仙花的身体有根、茎、叶、花、果实和种子六个部分。

广角镜——凤仙花的动人传说

▲用凤仙花给指甲上色

我国民间传说凤仙花是不畏强暴的爱情花。很多年前，凤凰山上住着两户人家。李家有一个儿子名为凤哥。张家有一对女儿名叫凤仙和凰仙，姊妹俩唯一的区别是，姐姐凤仙的手指甲是红色的。几年后三个孩子都长大成人，凤哥同姐姐凤仙相爱，妹妹凰仙十分高兴，积极帮助姐姐筹办婚事。当大喜日子快临近时，凤哥和凰仙下山去买花烛、红纸。忽然祸从天降，恶霸的儿子胡福听

自然传奇丛书

说姐妹俩如花似玉，就上山来抢人。凤仙宁死不屈，被恶霸逼死。凤哥和凰仙回来见状奋起抵抗，把胡福扔下万丈深渊为凤仙报了仇。之后埋葬了凤仙，不久，坟上突然长出了一棵美丽的红花，花瓣被风吹到凰仙手指甲上，凰仙的手指甲就被染得同凤仙的指甲一样鲜艳。这时，一条毒蛇突然蹿出向凰仙扑去，凰仙立即跳上坟头。那毒蛇也蹿上了坟头，这时，花瓣纷纷掉到蛇身上，毒蛇像挨了抽打一样逃了。凤仙坟上的花越长越多，越长越漂亮，人们把这种花叫作"凤仙花"，并栽种在房前屋后。因为生长凤仙花的地方没有毒蛇。

凤仙花的形态

凤仙花的茎属肉质，粗壮笔直，高达 40～100 厘米。茎上部分枝，有柔毛近于光滑。叶互生，长达 10 厘米左右，顶端渐尖，边缘有锐齿，叶柄附近有几对腺体。

其花形似蝴蝶，花色有粉红、大红、紫、白黄等。有的品种同一株上能开数种颜色的花朵。凤仙花的花期为 6～8 月，结蒴果，蒴果呈纺锤形，有白色茸毛。果

▲凤仙花

实成熟后，外壳自行爆裂将种子弹出，形成 5 个旋卷的果瓣。因凤仙花是自播繁殖，故采种须及时。凤仙花的种子为黑色，多数状似桃形。

凤仙花多单瓣，重瓣的称凤球花。据古花谱载，凤仙花有两百多个品种，不少品种现已失传。因凤仙善变异，经人工栽培选择，已产生了一些好品种，如五色当头凤。它的花生长在茎的顶端，且花大而色艳。根据凤仙花花型不同，又分为了蔷薇型、山茶型、石竹型等。

▲凤仙花

自然传奇丛书

木本植物中最毒的一种树——箭毒树

箭毒树是世界上最毒的树，生长在中国云南西双版纳和海南海康。箭毒树又称见血封喉树，其树汁洁白，却奇毒无比，见血就要命。唯有红背竹竿草才可以解此毒。而红背竹竿草就生长在见血封喉树根部的四周，样子与普通小草无异，只有少数人才认得这种草。

过去，箭毒树的汁液常常被用于战争或狩猎。人们在这种毒汁中掺上其他配料，用文火熬成浓稠的毒液，涂在箭头上。野兽一旦被射中，就会出血，顷刻挣扎后便倒地而死，但兽肉仍可食用，没有毒性。

▲箭毒树

自然传奇丛书

箭 毒 树

形态特征

箭毒树为桑科常绿大乔木，又名加独树、加布树、剪刀树等。现为濒临灭绝的稀有树种，是国家三级保护植物。它的树干高达 30 米，基部粗大，具有板根。树液是乳白色，树皮灰色，具泡沫状凸起。叶互生，长椭圆形，长 9～19 cm，宽 4～6 cm，基部圆或心形，不对称；叶背和小枝常有毛，边缘有时有锯齿状裂片。雄花序头状，花黄色。果肉质，梨形，紫

生物的魔咒

黑色；味极苦，直径 3～5 cm。花期春、夏季，果期秋季。

地理分布

多分布于赤道热带地区，国内则散见于广东、广西、海南、云南等省区；印度、越南、老挝、柬埔寨等国也有分布。生于丘陵或平地树林中。

▲箭毒树

毒性

箭毒树的树液有剧毒。常用它与士的宁碱混合作为箭毒药用。树液由伤口进入体内引起中毒，主要症状有肌肉松弛、心跳减缓，最后心跳停止而死亡。动物中毒症状与人相似，中毒后 20 分钟至 2 小时内死亡。

自然传奇丛书

链接——箭毒树

种中文名：见血封喉

种拉丁名：AntiaristoxicariaLesch.

属中文名：见血封喉属

属拉丁名：Antiaris

科中文名：桑科

科拉丁名：Moraceae

种别名：加布树、剪刀树、加独树

广角镜——战争的武器

相传，美洲的古印第安人在遇到敌人入侵时，女人和儿童在后方将箭毒树的汁液涂于箭头，运到前方，供男人在战场上杀敌。印第安人因此而屡战屡胜，杀得入侵敌人尸横遍野，魂飞胆丧，顽强地保住了自己世代居住的家园。据史料记载，1859年，东印度群岛的土著民族在和英军交战时，把涂有箭毒树汁液的箭射向来犯者。起初英国士兵不知道这箭的厉害，中箭者仍勇往向前冲，但不久就倒地身亡，这种毒箭的杀伤力使英军惊骇万分。

据传，在云南省西双版纳最早发现箭毒树汁液含有剧毒的是一位傣族猎人。有一次，这位猎人在狩猎时被一只硕大的狗熊紧逼而被迫爬上一棵大树，可狗熊仍不放过他，紧追不舍，在走投无路、生死存亡的紧要关头，这位猎人急中生智，折断一根树枝刺向正往树上爬的狗熊，结果奇迹发生了，狗熊立即落地而死。从那以后，西双版纳的猎人就学会了把箭毒树的汁液涂于箭头用于狩猎。

世界木本植物中最毒的一种树

在两个世纪前，爪哇有个酋长用涂有一种树的乳汁的针，刺扎"犯人"的胸部做实验，不一会儿，"犯人"窒息而死，从此这种树闻名全世界。我国给这种树取名"见血封喉"，形容它毒性的猛烈。这种树体含白

生物的魔咒

色乳汁，汁液有剧毒，能使人心脏停跳，眼睛失明。它的毒性远远超过有剧毒的巴豆和苦杏仁等，因此，被人们认为是世界上最毒的树木。

箭毒树在傣语中叫"戈贡"，是一种落叶乔木，既能开花，也会结果，果子是肉质的，成熟时呈紫红色。

箭毒树的干、枝、叶子等内部的白浆都含有剧毒。用这种毒浆（特别是以几种毒药掺和）涂在箭头上，箭头一旦射中野兽，野兽很快就会因鲜血凝固而倒毙。如果不小心将此液溅进眼里，可以使眼睛顿时失明，甚至这种树在燃烧时，烟气入眼里，也会引起失明。

当地民谚云："七上八下九不活"，意为被毒箭射中的野兽，在逃窜时若是走上坡路，最多只能跑上七步；走下坡路最多只能跑八步，跑第九步时就要毙命。人身上若是破皮出血，沾上箭毒树的汁液后，也会很快死亡。见血封喉的毒液成分是见血封喉甙，具有强心、加速心律、增加心血输出量作用，在医药学上有研究价值和开发价值。

轶闻趣事——箭毒树小故事

此时天色微明，薄薄的晨雾笼罩着一个小山村。村子里静得有些异常，因为英国殖民者已在岛的北部沿海登陆，他们将要进攻这个小山村。

妇女、老人和儿童早早隐藏在密林深处，其他村民都在紧张备战。一部分人小心翼翼地将一种大树的树皮划开，破口处很快渗出一种黏黏的白色浆汁，而后被集中于容器内。另一部分人将植物的硬茎削成箭头，然后把箭头浸泡在浆汁中。须臾，一支支药箭便制成。

那被割取汁液的大树，当地人称为"胡须树"。

雾气渐渐散尽，山村的面貌逐渐清晰。在这个群山环抱的村庄里，只有一条小路通向外界，周围全是莽莽苍苍的原始森林。

来犯的英国殖民者敲着军鼓吹着洋号，趾高气扬地走着。忽然，从道路两侧的丛林中，无数支箭嗖嗖地朝英军射来。中箭的士兵一个个倒下去并很快没了声息。英国人发现，凡是被这种箭射中的人，几乎无一幸免地倒地死亡。英国人以为碰到了魔鬼，狼狈逃窜。

人体化验结果表明，这些中箭的士兵全都是死于血液凝固，心搏骤停，肌肉松弛。原因是"胡须树"的树汁中含有剧毒的强心苷，它们进入血液会致命。

自然传奇丛书

后来，植物学家终于弄清了"胡须树"的身份，它就是世界上最毒的树——大名鼎鼎的见血封喉。

　　见血封喉之"毒"并非耸人听闻。想起同事的遭遇，中国热带农业科学院品种资源研究所副所长王祝年至今心有余悸。他说，华南热带农业大学植物园有一专门培育见血封喉种苗的苗圃，一次同事去苗圃里拔见血封喉幼苗时，不慎擦破手皮，不久该名同事的手掌竟红肿了起来，而且愈来愈严重。"幸亏毒液没有渗得很深，剂量也很少，否则后果不堪设想。"王祝年说。

　　人类若误吃其汁或流血伤口沾上其汁，便会出现中毒症状，严重者造成心脏停搏致死。故海南许多地方的村民称之为"鬼树"，不敢去触碰它、砍伐它，生怕有生命危险。在海南的台地、丘陵乃至低海拔林地，虽被垦殖破坏，但仍可偶见高大而孤立的见血封喉树。善良的人们常会在见血封喉树下围放或种植带刺的灌木丛，不让人畜接触它。在植物园或森林公园若有此树，更要示牌提醒人们不要去碰它，以免发生意外。

自然传奇丛书

最凶猛的植物——食人树奠柏

世界上能吃动物的植物约有六百多种，但绝大多数只能吃些细小的昆虫。生长在印度尼西亚爪哇岛上的奠柏居然能"吃"人。吃人树的传说并不局限于科幻小说中。

一起来了解一下这恐怖的植物吧！

▲奠柏

▲奠柏

食人树——奠柏

奠柏的外形

奠柏树高八九米，长着很多长长的枝条，垂贴地面。有的像快断的电线，风吹摇晃，如果有人不小心碰到它们，树上所有的枝条就像魔爪似的向同一个方向伸过来，把人卷住，而且越缠越紧，使人脱不了身。树枝很快就会分泌出一种黏性很强的胶汁，能消化被捕获的"食物"，动物粘着了这种液体，就慢慢被"消化"掉，成为树的美餐。当奠柏的枝条吸完了养料，又展开飘动，再次布下天罗地网，准备捕捉下一个牺牲者。

传说书屋

有关吃人植物的消息最早来源于 19 世纪后半叶的一些探险家们，其中有一位名叫卡尔·李奇的德国人在探险归来后说："我在非洲的马达加斯加岛上，亲眼见到一种能够吃人的树木，当地居民把它奉为神树。曾经有一位土著妇女因为违反了部族的戒律，被驱赶着爬上神树，结果树上 8 片带有硬刺的叶子把她紧紧包裹起来，几天后，树叶重新打开时只剩下一堆白骨。"于是，世界上存在吃人植物的骇人传闻便四下传开了。

奠柏寻觅之旅

植物学界有关"吃人树"是否存在的争论从来就没有停止过。为了彻底搞清楚这个长期困扰世人的秘密，2008 年 3 月，美国植物学家约翰·史密斯教授带着自己的助手和最尖端的研究设备再次闯入了神秘莫测的爪哇岛原始森林。

▲奠柏

从进入原始森林开始，史密斯教授依据卡尔·李奇的描述对沿途所有高于 2 米的木本植物逐一进行鉴定种属，同时登记在册。力争不遗漏任何一种以前没有被发现的植物。

随着调查的深入，史密斯教授的考察队逐渐开始接近传说中发现"吃人树"的原始森林核心区域。这里是当地土著密喇族的地盘。密喇族人行事低调、诡秘，再加上语言不通的原因，外界对他们的生活同样知之甚少。史密斯教授在专心寻找"吃人树"的同时，也对密喇族充满了好奇。

一天清晨，朝霞才刚刚映红东方的天际，史密斯教授便被远处隐隐约约传来的声响惊醒。他立即起身走出自己的帐篷，仔细聆听着这声音的来源。然而，好像是有意和他作对似的，突然之间这声音又消失不见了。

▲莫柏

史密斯教授觉得事情有些诡异。通过望远镜，史密斯教授发现在前方大约 100 米的地方一群赤裸着上身并且还在身上和脸上涂满各色油彩的土著人正抬着一个大筐在密林里艰难前行。他们面向旁边的一棵大树将筐中的鲜鱼一条条向其抛去。更令史密斯教授吃惊的是，那棵大树竟然像有生命的动物般挥动着枝条将一条条飞向自己的鲜鱼缠绕了起来。然后，将这些鲜鱼牢牢贴在自己的树干上。随后，树干开始迅速分泌出一股股黏液将鲜鱼包裹了起来，粘在了自己身上。史密斯教授目睹了全过程，于是走过去询问土著人的头领。正因为这样特殊的习性，他给"吃人树"起了一个名字叫"莫柏"。

由于莫柏分泌的这种胶汁对伤口有很好的愈合作用，所以当地土著人很早就掌握了"莫柏"的习性。于是，这些土著人就先用鱼去喂它。等它吃饱后，懒得动了，就赶快去采集它的树汁。

史密斯教授听完他的讲述感觉到非常不可思议，他疑惑地问道："你为什么不将这个伟大的发现公布于众呢？你知道的，这可能是植物学界最轰动的发现。"土著头领笑着摇摇头说："一旦公布出去，大批的药材商便会蜂拥而至，这种树木现在已经不到 100 棵了，这对它们来说，将是灭顶之灾。"

史密斯教授满怀敬意地握着土著头领的手说："您说得对，只有'吃人树'莫柏才是爪哇岛原始森林里最后的守望者，它们永远只属于这里。"

杀人于无形——促癌植物

许多人喜欢在家里或是办公室摆些植物，一来吸收辐射保护健康，二来赏心悦目陶冶情操。可万万没有料到的是，一直被人们当作"空气过滤器"的花草中，竟有一些含有致癌病毒，并出现导致人体癌变的事例。

▲木油桐

自
然
传
奇
丛
书

为什么有些植物会致癌

植物在为生存进行的长期不懈的斗争中，形成了各种各样的保护自己、防御动物伤害的方法。毒素是植物最有效的防御武器。当植物受到动物的伤害时，毒素会使动物同样受到致命的伤害。因吃了某种植物而死去的动物，对其他动物来说是最好的警告，它们会倍加小心，以防中毒。

▲毛果巴豆

中国预防医学院病毒所曾毅院士对植物所含物质的促癌作用进行了研

究，在1693种中草药和植物中共检出18个科中的52种植物含有促癌物质。这些植物多属大戟科和瑞香科，铁海棠、变叶木、乌桕、红背桂花、油桐、金果榄等一些市民家中及公园里常见的观赏性花木均含有促癌物质。

"清理门户"事不宜迟

▲变叶木

实验表明，这些致癌植物中所含有的"病毒早期抗原诱导物"，可以诱导EB病毒对淋巴细胞的转化，并能促进由肿瘤病毒或化学致癌物质引起的肿瘤生长。

目前，致癌植物诱发鼻咽癌和食管癌的实验已得到证实，它们不仅浑身上下都带"毒"，而且种过此类植物的土壤中都被检测出含有致癌病毒和化学致癌物的激活物质。

如果居室中种有此类植物，人们有可能由于长期吸入花粉、尘土颗粒等原因引发癌症。

▲铁海棠

▲射干

自然传奇丛书

鲜为人知的植物

万花筒——52种可促癌植物

石粟、变叶木、细叶变叶木、蜂腰榕、石山巴豆、毛果巴豆、巴豆、麒麟冠、猫眼草、泽漆、甘遂、续随子、高山积雪、铁海棠、千根草、红背桂花、鸡尾木、多裂麻疯树、红雀珊瑚、山乌桕、乌桕、圆叶乌桕、油桐、木油桐、火殃勒、芫花、结香、狼毒、黄芫花、了哥王、土沉香、细轴芫花、苏木、广金钱草、红芽大戟、猪殃殃、黄毛豆腐柴、假连翘、射干、鸢尾、银粉背蕨、黄花铁线莲、金果榄、曼陀罗、三梭、红凤仙花、剪刀股、坚英树、阔叶猕猴桃、海南蒌、苦杏仁、怀牛膝等。

小资料:"广东癌"——鼻咽癌

中科院院士、鼻咽癌血清学早期诊断发明人、广东武警医院耳鼻咽喉中心首席科学家曾毅教授介绍,我国的鼻咽癌发生主要在广东、广西等6个省区,其中以广东发病率最高,30岁以上男性鼻咽癌发病人数在3万以上,女性超过1.5万。

曾院士介绍,国内鼻咽癌分布有明显的地区性差异,主要以广东、江西、湖南、福建、浙江、广西为多,而广东中部的肇庆、佛山、广州和广西东部的梧州地区连成一片为高发地带,向周围逐渐降低。所以鼻咽癌素有"广东癌"之称。

曾毅说,鼻咽癌在广东地区高发,主要还是饮食习惯和接触促癌物质有关。很

▲毛果巴豆

多人都带有致癌病毒EB,但是在生活中接触过多的促癌物质就会致癌。如广东人喜欢吃咸鱼,咸鱼在腌制过程中产生了多种的致癌物质。在我国存在的52种促癌植物中广东地区就有45种,如常见的巴豆、铁海棠、变叶木等植物,人们经常接触这些促癌物质都会使人发病。

不要自食"恶果"——诱人的毒果

地球上开花结果的植物不计其数，它们的许多果实带给了我们美味、营养。这些果实形状各异：有的常见，有的华贵，还有的其貌不扬。我们经不住它们的诱惑，让许多"恶果"有机可乘，以假乱真让我们自食"恶果"，使得许多生命危在旦夕。

自然传奇丛书

▲瓜果飘香

真假奇异果

▲曼陀罗的果实

三岁的小孩竟把绿地里的曼陀罗当成了"奇异果"品尝，随后即脸色潮红、神志不清。幸好父母发现及时，送入医院抢救最后脱离生命危险。

曼陀罗果与奇异果的区别是很大的，但对于很小的孩子而言就有点分不清楚了。

曼陀罗又称疯茄儿，其花称洋金花，是常用的中药之一。曼陀罗中毒是因为误食茄科曼陀罗属植物的种子、果实或幼苗引起，毒性物质为莨菪碱、东莨菪碱和阿托品等。

▲曼陀罗花

中毒症状以神经系统异常为主。表现为腺体分泌减少，出现口干、声哑；使支配瞳孔括约肌的动眼神经麻痹而使瞳孔扩大；可使心率加快，且有扩张支气管和皮肤血管的作用。对中枢神经的作用是先兴奋后抑制，对脊髓可刺激反射功能，发生抽搐、痉挛。严重中毒时，可使延髓麻痹而致死亡。中毒的程度与年龄、服药方式及个体耐受性有关。

自然传奇丛书

 小贴士——曼陀罗中毒急救措施

尽快催吐和洗胃，迅速清除毒物，减少体内吸收；解毒治疗可皮下注射毛果芸香碱，也可皮下注射水杨酸毒扁豆碱，对症治疗主要是针对神经系统症状和呼吸系统症状。

麻 风 果

麻风果是麻风树的果实，该果含有的毒蛋白会引发食用者中毒。麻风树别名膏桐、臭油桐、小桐子、芙蓉树。麻风树的树皮和叶可以入药。麻风树树皮光滑，种子呈长圆形，种衣呈灰黑色。它有散瘀、止痛作用，也可治跌打损伤及皮肤瘙痒。有趣的是茎、叶、树皮均有丰富的白色乳汁，内含大量毒蛋白。种子的毒蛋白浓度最高。毒蛋白有强烈的胃肠道刺激作用，甚至可以导致出血性胃肠炎。因此在利用树皮和叶治疗时一定要控制好使用的量。曾在海口万宁市和乐镇发生过24名青少年食用麻风果中毒的事件，这也在警告着大家不要随意去试吃那些未经过证实的野果，以免稀里糊涂丧了命。

生物的魔咒

▲麻风树果实 　　　　　　　　　　　　▲麻风树

自然传奇丛书

毒　蘑　菇

　　夏末秋初，是野生蘑菇最适宜生长时期，也是野生蘑菇中毒高发期。野生毒蘑菇多生长在潮湿低洼、湿度大、阴凉的地方。毒蘑菇所含毒素非常复杂，经烹调加工或者晒干都不能消除。因毒蘑菇的毒素毒性很强，中毒后发病快、病程短，加上无特效解毒药，极易导致死亡。

　　毒蘑菇与食用蘑菇外形相似，目前还没有简单易行的毒蘑菇鉴别方法，民间流传的一些识别方法也不可靠。因此对于来源不明的蘑菇，尤其是自己不认识的野蘑菇，绝不要采摘食用。如果误食毒蘑菇中毒，应立即采取刺激口咽催吐等措施，同时尽快到医疗机构救治，并报告卫生部门。

 万花筒

有益健康的花草

　　冷水花能吸收厨房烹饪时放出的刺鼻难闻的油烟，因喜欢半阴环境，在厨房种植很环保，还能保护肺和呼吸道；米兰能杀灭有害细菌，对氯气有很强的吸收作用；还有一种市民不太注意的香花含笑，开花时能杀死空气中的肺结核菌和肺炎球菌，对防治结核病有一定效果；漂亮的石竹色泽美丽，盆栽后散发的香气能杀死空气中的肺炎球菌、结核杆菌和葡萄球菌，有保健作用；石榴放在阳台或窗台上，不仅美化环境，还具有吸收氟化氢、氯气的本领。

鲜 为 人 知 的 植 物

小贴士——常见的毒蘑菇

大鹿花菌

子实体较小至中等大，菌盖直径8.9～15 cm。呈不明显的马鞍形，稍平坦，微皱，黄褐色。菌柄长5～10 cm，粗1～2.5 cm，圆柱形，较盖色浅，平坦或表面稍粗糙，中空。在针叶林中地上靠近腐木单生或群生。有毒，毒性因人而异，不可食用。

▲大鹿花菌

白毒鹅膏菌

夏秋季分散生长在林地上。子实体中等大，纯白色。菌盖初期卵圆形，开伞后近平展，直径7～12 cm，表面光滑。菌肉白色。菌褶离生，稍密，不等长。菌柄细长圆柱形，长9～12 cm，粗2～2.5 cm，基部膨大呈球形，内部实心或松软，菌托肥厚近苞状或浅杯状，菌环生柄之上部。此蘑菇极毒。毒素为毒肽和毒伞肽。中毒症状主要以肝损害型为主，死亡率很高。

▲白毒鹅膏菌

网孢牛肝菌

牛肝菌属中的某些种类含有神经毒素，能降低血压、减慢心率、引起呕吐和腹泻，还可致瞳孔缩小。另外，牛肝菌属中的某些种类含有致幻素，中毒后表现为幻觉、谵妄，特别是小人国幻觉为其特征，还会有精神异常。

▲网孢牛肝菌

自然传奇丛书

致命白毒伞

致命白毒伞外形与一些传统的食用蘑菇较为相似，极易引起误食，喜欢在鳞蘱树的树荫下群生，一般与树根相连。鳞蘱树在广州地区白云山、天麓湖、华南植物园等山地均有分布。其毒素主要为毒伞肽类和毒肽类，在新鲜毒菇中毒素含量很高，50克左右的白毒伞菌体所含毒素便足以毒死一个成年人。白毒伞毒素对人体肝、肾、中枢神经系统等重要脏器造成的危害极为严重，中毒者死亡率高达90％以上，是历年广州地区毒菇致死事件的罪魁祸首。

▲白毒伞

铅绿褶菇

铅绿褶菇是毒蘑菇中毒事件的祸首之一。多于雨后长在草坪、草地及蕉林地上。其毒性比致命白毒伞弱，主要引起胃肠型症状，但也可能含少量类似白毒伞的毒素，对肝等脏器和神经系统造成损害，也有可能因误食而致命。

▲铅绿褶菇

生物的复仇

　　人类是聪明的动物，除了同类任何生物在我们眼中都是无可畏惧的。我们擅长创造，擅长思考，擅长发明，但我们却极其不擅长反省自己的罪过。我们对自己所犯下的错总是能找出千百种理由开脱。然而现在的指责不再是我们同类之间了，是那一个个在我们眼中没有感情、没有头脑的生物们正在用它们的复仇行动，一次次地警告我们，窥视着我们。我们开始因它们的疾恶如仇、神出鬼没、心狠手辣，意识到自己的罪孽。在这个地球上是没有霸主的，横行只会让自己毁灭得更快。

命悬一线——12 种濒临灭绝的动物（上）

　　据有幸飞上太空的宇航员介绍，他们在遨游天际时，眼中的地球是一个晶莹的球体，表面是蓝色和白色相互交错的纹痕，周围裹着一层薄薄的水蓝色的"纱衣"。然而，谁又知道这个美丽壮观的星球，正遭受着严重的破坏和威胁呢？据统计，地球上有大面积的森林正遭受着破坏；有许多哺乳类动物和鸟类濒临灭绝。近些年，一些不法商贩为了达到自己的经济利益，大肆捕杀动物，直接的结果是动物的食物链中断，以至动物之间的生态失去了平衡。与此同时，有些动物开始寻找新的食物链，人类就成了它们的目标。因为动物的灭绝，所以植物的食物链也会遭到破坏，长此以往，这会构成地球上的恶性循环。试想：谁将会是下一个遭殃的呢？答案很简单：人类。比如，现在有许多动物在一瞬间就会奇迹般消失，这都是人们平时的行为造成的。要知道，家园只有一个，所以每个人都有责任和义务来维护大家的共同利益。接下来，将讲解我们身边即将灭绝的12种珍稀动物，希望大家能对动物的保护引起足够的重视。

古巴鳄鱼

　　学名：古巴鳄鱼

　　特征或形态：成年古巴鳄鱼身长大约为 3.3 米。

　　当前状况：目前野生状态下生存的古巴鳄鱼数量只有 4 000 余只，而且是包括了古巴鳄鱼属中古巴鳄鱼和美洲鳄鱼杂交品种。然而对于纯种的古巴鳄鱼，其数量相对较少。

▲古巴鳄鱼

自然传奇丛书

濒临灭绝原因：为了获得古巴鳄鱼肉，当地居民对古巴鳄鱼进行无休止地非法狩猎。

普氏野马

学名：普氏野马

特征或形态：拥有矮壮的身躯和短小的脖颈，奋蹄驰骋于荒野。

当前状况：目前地球上唯一一种野生马种，普氏野马曾一度灭绝，后来在科学家的努力下，逐渐将动物园豢养状态下的普氏野马放归大自然。目前在野生状态下有300余匹普氏野马生存。

▲普氏野马

濒临灭绝原因：动物园豢养和其他外部条件等。

格林纳达鸽

▲格林纳达鸽

学名：格林纳达鸽

特征或形态：格林纳达鸽最明显的体态特征为拥有粉红色的胸膛，并且是格林纳达的国家象征，格林纳达鸽曾作为国家象征被印在这个加勒比岛国的国家邮票上。

当前状况：目前野生状态下生存的格林纳达鸽仅有150余只。

自然传奇丛书

濒临灭绝原因：其生存栖息地的锐减，猫鼬、野猫、老鼠等天敌物种数量的增加。

亨氏羚羊

▲亨氏羚羊

学名：亨氏羚羊

特征或形态：前额有道白纹，绕双眼一圈，看起来仿佛戴了白色眼镜。

当前状况：目前野生状态下生存的亨氏羚羊数目仅有600余只。

濒临灭绝原因：疾病、捕食、栖息地的减少、非法偷猎、生活区域的过度干旱。

佛罗里达蓬毛蝠

学名：佛罗里达蓬毛蝠

特征或形态：作为佛罗里达州最大的蝙蝠物种，其蓬毛蝠翼展约为21英寸。

当前状况：目前并未灭绝，但已经面临即将灭绝的危险。早在2002年科学家认定佛罗里达蓬毛蝠已经灭绝，但后来科学家又奇迹般地在佛罗里达州郊区发现了一小块佛罗里达蓬毛蝠栖息地。据预计，目前只有100余只野生佛罗里达蓬毛蝠。

▲佛罗里达蓬毛蝠

自然传奇丛书

濒临灭绝原因：佛罗里达蓬毛蝠的栖息地被肆意破坏，主要源于："当地民众对森林的大肆砍伐及在农业中大面积喷洒农药。"

绿 眼 蛙

▲绿眼蛙

学名：绿眼蛙

特征或形态：体型很小，成年绿眼蛙的体长仅为 75cm 左右。

当前状况：主要生活在巴拿马和哥斯达黎加国内。虽说绿眼蛙曾经是这两个国家内极其普通的蛙类物种，但目前在野生状态下生存的绿眼蛙数量仅为数百只。

濒临灭绝原因：深受菌类植物泛滥影响。壶菌的泛滥及农业化学品的污染是造成绿眼蛙数量锐减的主要原因。

自然传奇丛书

命悬一线——12 种濒临灭绝的动物（下）

犁 头 龟

学名：犁头龟，又称安哥洛卡陆龟。

特征或形态：马达加斯加国内的特有物种。

当前状况：只生存在马达加斯加西北部的安哥洛卡境内。目前在野生状态下生存的犁头龟，除了 400 余只幼小个体外，仅有 200 余只成年犁头龟。据预计，如果

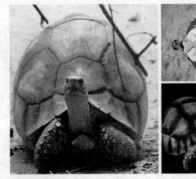

▲犁头龟

不对该物种施以保护，在未来三十年内，犁头龟将彻底消失。

濒临灭绝原因：栖息地的减少是犁头龟数量锐减的主要原因。此外，人类的偷猎、南非野猪对幼龟和龟卵的猎食、非法动物贸易，都加速了犁头龟的灭绝进程。

岛 屿 灰 狐

学名：岛屿灰狐

特征或形态：体型小、数量少的狐狸物种，成年岛屿灰狐的体重仅有 1.35kg～1.80kg。

当前状况：主要居住在加利福尼亚州海峡群岛的六个岛屿上。目前野生状态下生存的岛屿灰狐的数量不足 1 000 只。

濒临灭绝原因：由于一直生活在岛上，它们对大陆的寄生虫没有抵抗力，尤其是狗身上的病菌。此外，金雕的捕食和人类的活动也是重要因素之一。

▲岛屿灰狐

苏门答腊猩猩

学名：苏门答腊猩猩

特征或形态：和人类最为接近的猩猩种类，知道如何使用工具来获取食物。绝大多数苏门答腊猩猩生存在印度尼西亚国内，其面颊宽大，身材魁梧，雄性可重达100kg，这使它们不能轻易在树间摇荡，只能下地行走。

当前状况：根据2008年的调查显示，目前野生状态下的苏门答腊猩猩仅有6 600余只。

濒临灭绝原因：当地居民对森林的过分砍伐以至苏门答腊猩猩栖息地被严重破坏。此外，当地居民对苏门答腊猩猩捕捉和猎杀也是重要原因之一。

▲苏门答腊猩猩

小头鼠海豚

学名：小头鼠海豚

特征或形态：小头鼠海豚和普通海豚的体貌特征区别并

▲小头鼠海豚

自然传奇丛书

不太大，小头鼠海豚除了略显肥胖以外，最明显的特征是眼睛周围有黑色圆圈、喙部也呈黑色，需要仔细辨认才能区分的海豚稀有物种。

当前状况： 现在野生状态下生存的小头鼠海豚不足 150 只。

濒临灭绝原因： 主要源于过度捕捞、栖息地锐减以及水质的污染。

白头叶猴

学名： 白头叶猴

特征或形态： 由于现有的野生白头叶猴已经逐渐演化为纯雌性群体，这使得白头叶猴逐渐变为很难自身繁殖延续的物种。

当前状况： 科学家曾在与世隔绝的越南边境吉婆岛内至少发现 59 只白头叶猴。

▲白头叶猴

濒临灭绝原因： 属于难以自身繁殖延续的物种。另外，当地居民对森林的滥伐，以及偷猎者猎杀（主要目的为制造中草药猴唇膏），严重影响着白头叶猴的延续。

卢文氏树蛙

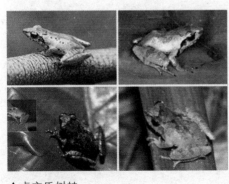

▲卢文氏树蛙

学名： 卢文氏树蛙

特征或形态： 成年卢文氏树蛙体型仅有 24cm 长，为香港极易灭绝的特有的本土物种。

当前状况： 其栖息地由于受香港机场建设而遭到破坏，科学家一度认为卢文氏树蛙已经灭绝。让人兴奋的是：在野生动物学家的保护下，20 世纪 90 年代，野生动物学家向大自然放归 2 000 余只卢文氏树蛙，此后卢文氏树蛙又再度在香港的野外繁衍起来。然而，总体来讲，卢文氏树蛙的野外生存环境条件极其恶劣。

濒临灭绝原因： 栖息地遭到严重破坏，同时，受到一些外来品种的淡水鱼的威胁（如食蚊鱼，会吃掉卢文氏树蛙的蝌蚪等）。

朋友们，为了不让自己的子孙到了博物馆才知道有某种动物的存在。为了保护我们共同生活的环境，为了不使我们处于危险之地，请唤起我们心灵的共鸣，共同来保护身边的天地吧！

药品成毒品——罂粟

中国是药用植物资源最丰富的国家之一，对药用植物的发现、使用和栽培，有着悠久的历史，因而，在历史上也呈现出了一批又一批的医学家和相关的医学圣典。随着医药学和农业的发展，药用植物逐渐成为栽培植物，同时，一部分人别有用心，使得本身纯洁的药用植物却突生邪恶。那么，为何药品竟变毒品？谁又是真正的幕后黑手呢？

▲罂粟花

罂 粟 的 美

罂粟，又名鸦片花，原产小亚细亚、印度和伊朗，适应性很强，属罂粟科的二年生草本植物。其特点：植株高1米到1.5米，全株粉绿色，叶长椭圆形，抱茎而生；夏季开花，花大而艳丽，重瓣，有红、黄、白、粉红、

万 花 筒

罂粟花的花语

罂粟花原名英雄花，象征了十二宫星座中的天蝎座。天蝎座是黄道十二宫的第八宫，是生命的蜕变者。冥王星是天蝎座的守认星曜，双双激发出穿越与深化的潜在力量，使得天蝎座拥有自我淬炼的终生信仰。

自然传奇丛书

紫等色，叶子为银绿色，叶大而光滑，分裂或有锯齿；花早落，结球形蒴果，内有细小而众多的种子。

罂粟的发展史

▲罂粟——美得让人称赞

罂粟花，是制鸦片的原材料，亦是当今最美丽的花。因为生鸦片有止痛、镇静和安眠的功效，在古希腊、古罗马时期受到了医师们的高度重视。

1世纪，罂粟由希腊及美索不达米亚平原传入埃及；在7世纪的时候，被引入东南亚，并且在相当长的一段时间内，东南亚人视其为珍贵的药用植物。

由于罂粟对生长环境有特殊要求（雨水少但土地要湿润，日照长但气候不干燥，土壤养分充足而酸性小，海拔高度在900～1 300米为好），因而，缅甸、泰国和老挝三国交界地区的"金三角"成了其理想的栖息地。

1852年英国殖民者为了自身的利益，鼓动、诱使当地居民大面积种植罂粟，从此，罂粟开始了疯狂蔓延，一个毒品王国正式形成。

在"金三角"起伏的山谷中穿行，伴随初升的太阳，在亚热带的熏风中摇曳着的漫山雪白、淡紫、嫣红的花朵，奔放而妖冶，在空气里弥漫着一股微甜苦香的气息——这即是充满诱惑却饱含毒汁的罂粟花。

 点击

广义上，药品与毒品没有什么严格的界限，药品用法、剂量不正确都会出现不同程度的毒副作用，甚至引起死亡。

狭义上，"毒品"是指目前所禁用的能够成瘾的麻醉品，如海洛因、大麻、冰毒、摇头丸等。

罂粟的两面性

和蔼的一面。中医以罂粟壳入药，处方又名"御米壳"或"罂壳"。具体制备：在夏季"割烟"后采收，去蒂头和种子，晒干醋炒或蜜炙备用。其功效表现为：罂粟壳性平味酸涩，有毒，内含吗啡、可卡因、那可汀、罂粟碱等30多种生物碱；可用于镇痛、止咳、止泻药；主治肺虚久咳不止、胸腹

▲罂粟壳

筋骨各种疼痛、久痢常泻、肾虚引起的遗精、滑精等症。

▲警方铲除罂粟

阴暗的一面。罂粟花脱落10余天后，一片片罂粟地里满是摇曳的果实，椭圆形的罂粟果其大小和形状与鸡蛋相似，就在这果实中含有乳汁，在割取干燥后就是"鸦片"。它含有10％的生物碱，能解除平滑肌特别是血管平滑肌的痉挛，主要用于治疗心绞痛、动脉栓塞等症。然而，长期使用会让患者成瘾，引起慢性中毒，以及严重危害身体等负面效应，患者还会因呼吸困难而送命。因此，我国对罂粟的种植严加控制，除药用科研外，一律禁植。

广角镜——药品变毒品的危害

有些药物使用不当易产生生理依赖性，又称生理依赖性或躯体依赖性。具体

自然传奇丛书

表现为中枢神经系统对长期使用依赖性药物所产生的一种身体适应状态，例如吸毒成瘾后，吸毒者必须在足够量的毒品维持下，才能保持生理的正常状态。一旦断药，生理功能就会发生紊乱，出现一系列严重生理反应，医学上称之为戒断症状。这种症状的出现就是其生理依赖性的外在反应。例如，像海洛因或可卡因这类药品，其最大的特点就是能较快占领吸食者的中枢神经系统，使其产生精神活性作用，以至用药者能获得较强的愉悦感，因此，用药者也就越喜欢吸食，其被滥用的潜在性就越大。其实，这主要源于人脑有许多适应机制，如果某种刺激对脑的作用较缓慢，大脑就有可能找到替代这种作用的方法；但是如果作用极快，就可能超出大脑的适应机制，并对脑的"愉快环路"产生较强的刺激，大脑就不可能找到代替类似作用的方法了。之所以存在很多的海洛因依赖者，其原因就在于此。所以，对于易于成瘾的药物，只有在对治疗方法有十足的把握，并且必须有医师处方的时候才能使用。

毒品的危害不仅局限于让人陶醉其中，还会让人们丧失理智，甚至家庭破裂。所以，除了国家的强制监管外，我们应引起共鸣，共同抵御毒品交易活动，同时，对一些易成瘾药物有一定的防范意识，力争做到科学用药。

科技文件夹

成瘾性的药物

镇静催眠药：巴比妥类如苯巴比妥等，这类药易产生精神依赖，但长期大剂量使用可发生躯体依赖；速可眠、安眠酮、水合氯醛成瘾也非常多见。

抗焦虑药：这类药临床应用范围越来越广，致其成瘾者也逐渐增多。如安定、烃基安定、硝基安定、氟基安定、眠尔通、利眠宁等，其中以眠尔通成瘾性最大。

镇痛药：此类药应用比较广泛，疗效好，见效也快，但其成瘾性也同样快，使用两周即可成瘾，且具有异常强烈的精神、躯体依赖性。如吗啡、鸦片、杜冷丁、可待因、美散酮、镇痛新等。

精神兴奋药：中枢神经兴奋药苯丙胺，有减少睡眠、消除疲劳的作用，但有较强的成瘾性，一般小剂量即可成瘾。

抗精神病药：氯氮平对精神病的幻觉、妄想和兴奋躁动疗效好，但长期使用易成瘾。

小资料：“油脂界的特种兵”——罂粟籽油

想到罂粟花时，浮现在脑中的就是美丽背后隐藏着的邪恶。事实上，绝大部分的邪恶是人类所赋予罂粟的附加含义。

幸运的是，人类对罂粟花的认识并没有一直滞留在毒品和罪恶的阶段。在经高科技处理之后的罂粟籽并没有毒性，用它榨出来的油具有极高的营养价值和保健作用，被誉为“油脂界的特种兵”。

罂粟籽油又称“御米油”。在隋唐时期，罂粟传入中国，主要在甘肃、云南等地种植。罂粟籽主要用来煮粥和饭食，后从中榨油以充当食用油。久而久之，种植的农民发现罂粟籽油对身体健康有许多神奇的功效，当地的官吏视其为名贵珍品，作为宫廷贡品供皇帝御用，因此得名“御米油”。

在民间，罂粟又称“药中之王”治百病，又名“百号子”。罂粟籽油又名“百号子”油。《辞海》中记述：罂粟种子含油50％，可榨油。功能敛肺、涩肠、止痛。主治久咳、久泻、久痢、胸腹诸痛等症。

罂粟籽被开发成食品，但管制仍未放松。经世界卫生组织批准，全世界只有六个国家可以合法种植罂粟，中国是其中之一。罂粟的种植地也由国家统一管理，中国唯一合法的罂粟种植基地在甘肃，百万里钢丝电网阻隔，武警战士全副武装24小时看守。罂粟被用于国家指定厂家提炼，其附属物被焚毁深埋。

自然传奇丛书

异类的实质——基因突变

▲猿到人的进化

有句话说"突变是进化的原材料"。对于一个物种或者群体而言，变异带来的不仅是物种的多样性，而且也是地球上生命历程的演变，与此同时，变异给了自然以选择的机会：让一个个物种产生各种各样的性状，在大自然面前，优胜劣汰，适者生存。虽然对于弱者来说有些残忍，但是最后存活下来的都是强者，随着强者数量的增多，伴随的就是群体质量的不断提高。对于一个物种的延续，这样一个过程却是必不可少的。

不可否认，基因的变异或突变促使着人类的进步，给人类带来了种种的惊喜以及意想不到的收获，然而它给我们人类带来的痛苦也是比比皆是。在现实生活中，我们提到突变，人们已经形成了定势，是一种不好的情况，如白化病、21三体综合征、猫叫综合征和抗维生素D佝偻病等等。接下来，以21三体综合征为例加以说明。

21三体综合征的原因

21三体综合征，又称先天愚型或Down综合征，人群患病概率的高低与人种、生活水准等没有什么直接关系，主要源于在生殖细胞形成过程中发生在第21对常染色体的畸变。出现病变的情况主要分为三类：标准型、易位型和嵌合型。

对于一般的正常人，细胞的染色体数量为46条，其中包括22对常

生 物 的 复 仇

染色体和 1 对性染色体。所谓标准型，是指患儿的细胞染色体数量比正常情况多了 1 条 21 号染色体，即变为了 47 条。较易位型和嵌合型而言，此种情况出现的概率最高，占到全部病例的 95 %。其发生机制系因亲代（多数为母方）的生殖细胞染色体在减数分裂时不分离所致。事实证明：随着产妇年龄的增加卵子形成过程中染色体不分离现象的概率随之增大，因而高龄初产妇会加剧婴儿患有唐氏综合征的风险。数据表明：在 20 到 24 岁之间的产妇，其子代患病概率为

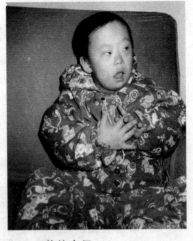

▲21 三体综合征

1/1490，若产妇的年龄达至 40 岁的，其概率提高到 1/106，如果产妇的年龄高到 49 岁及以上，那么发生这种情况的概率则高至 1/11。但是，另一方面，大约 80 % 的综合征患婴是 35 岁以下产妇所生。这与 35 岁以下妇女妊娠比例较高有关系。

万花筒
21 三体综合征历史

1866 年，医生唐·约翰·朗顿在学会首次发表了这一病症。由于病人的面部比正常人较宽，眼睛小而上挑，看起来与蒙古人有类似之处，故而又称蒙古症或者蒙古痴呆症。现今，此名称被医学界认为是无礼和没有医学意义而没有普遍使用。

1959 年，法国遗传学家杰罗姆·勒琼发现唐氏综合征是由人体的第 21 对染色体的三体变异造成的现象。这也是人类首次发现的染色体缺陷造成的疾病。

1961 年，"唐氏综合征"一词于由 The Lancet 的编辑首先使用。

1965 年，世界卫生组织（WHO）将这一病症正式定名为"唐氏综合征"。

自然传奇丛书

21 三体综合征的症状

对于患有 21 三体综合征的患儿通常表现为：

1. **智力方面**：通常表现为智力低下，不过有轻、中度之分，但多数表现为中度精神发育迟滞，其智力通常随着年龄的增长而逐步降低，同时，也有专家认为："在青少年期智商（IQ）相对稳定，以后才降低。"其次，研究表明：环境因素是影响智商（IQ）的重要因素，生活环境较好的患者智商（IQ）相对较高。另外，不同类型的患者智力低下的程度也不同，一般来说，三体型者最严重，易位者次之。

2. **语言方面**：在语言发育方面存在一定障碍，患儿开始学说话的平均年龄要比正常情况晚一点，一般为 4～6 岁，然而，95 ％有发音缺陷、口齿含糊不清、口吃、声音低哑；1/3 以上有语音节律不正常，严重者甚至呈爆发音。

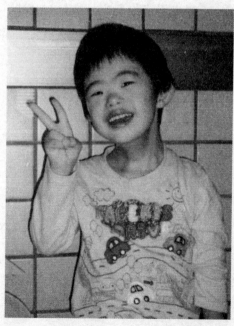

▲21 三体综合征患者

3. **行为方面**：在行为动作方面存在一定障碍，并且大多性情温和，常傻笑，喜欢模仿和重复一些简单的动作，可进行简单的劳动。然而，少数患者易表现为任性、多动，甚至可能会有破坏攻击行为，相反，另外一些则表现为畏缩倾向，伴有紧张症的态势。

4. **运动发育方面**：在运动发育方面，通常比较迟缓。刚开始一段时期，患儿的其运动功能与正常同龄儿差别可能不大，但随年龄增长其差别就会逐渐增大。对不同的患者，其运动发育的情况也会相差很大。如先天愚型患者，虽可执行简单的运动（如穿衣、吃饭等），然而其动作笨拙、不协调和步态不稳。

5. **生长发育方面**：本病患儿出生后几天睡眠较深，因其吸吮、吞咽十分缓慢，甚至完全不能，故而弄醒和喂养十分困难，并且 80 ％的患儿肌张力普遍低下。

6. **特殊的外貌**：其外貌与常人相差很大，表现为：双眼距宽，两眼外角上斜，内眦赘皮，耳位低，鼻梁低，舌体宽厚，口常半张或舌伸出口外，舌面沟裂深而多，手掌厚而指短粗，末指短小常向内弯曲或有两指节，并且 40 ％患儿有通贯掌等现状。

 小博士

下列 7 类夫妻属高发人群：

妊娠前后，孕妇有病毒感染史，如流感、风疹等；

受孕时，夫妻一方染色体异常；

夫妻一方年龄较大；

妊娠前后，孕妇服用致畸药物，如四环素等；

夫妻一方长期在放射性荧幕下工作或污染环境下工作；

有习惯性流产史、早产或死胎的孕妇；

夫妻一方长期饲养宠物者。

敲响警钟——动物的复仇行动

自然传奇丛书

当危险、灾难来临时，我们都想尽自己的努力去保护身边的亲人，保护可爱的家园。我们也没有权利去破坏他人的家园，更没有权力破坏动物的家园。因为我们认为它们没有情感，它们在我们眼里是弱者，它们只能眼睁睁地看着自己的同伴、亲人被我们捕杀、虐待。渐渐地一件件动物们的复仇事件向我们证明着，我们错了。我们开始因它们神出鬼没的复仇行动感到心惊胆战。

▲动物的报复

离奇的报仇故事

动物的报复手段还真是多种多样，还很离奇古怪呢！捅了马蜂窝会受到马蜂的群起而蜇之；捅了燕子窝，燕子不仅用嘴巴啄进出家门的人，还会在梁上叽叽喳喳地叫两三天；狗会记住小时候欺负它的人，长大了一见到就会扑上去咬。下面这个故事还真是让人大跌眼镜啊，我们来看看，这可爱的猴子，都做了什么"好事"。

▲金丝猴

在重庆动物园里，曾有一只金丝猴王，它好像认为自己血统高贵，因而脾气暴躁，动不动就咬伤饲养员。有一次，饲养员送食物慢了点儿，猴王就跑过来抓破了饲养员的手。饲养员为了惩罚它，就拿起竹条，在它的屁股上狠狠抽了几下。猴王觉得丢了面子，便把这件事记在心里。过了几天，这位饲养员调走了。半年以后，他回到动物园看望饲养过的金丝猴。意想不到的事竟然发生了，猴王从人群里认出了打过它的饲养员，想报复又找不到东西，就拉下一个粪团，向饲养员的头上扔去。猴粪弄了他一脸，叫人真是哭笑不得，金丝猴王却得意极了。

付出血的代价

长着尖牙利爪的食肉动物最能沉重地打击报复人类，并用血淋淋的复仇方式敲响人类最响亮的警钟。

非洲的肯尼亚大草原有大象、犀牛、河马、大猩猩等很多珍贵的野生动物，但是它们时常遭受到偷猎者的残酷屠杀。在这里流传着这样一个故事：一群歹徒准备用捕兽网罩住那些活泼可爱的幼狮，然后卖到马戏团或动物园里去，发上一大笔横财。就在他们即将得逞的时候，机警的雌狮发现了他们的阴谋，便怒吼一声前去解救落网的幼狮。偷猎者眼看到手的猎物即将逃脱，凶残的头目就用手提机枪对准雌狮疯狂地扫射，雌狮的身上顿时鲜血飞溅，雌狮用最后的力气撕破网罩，救出了幼狮。这只幼狮虽然受伤和失血过多，但最后幸运地得到了反偷猎队员的救护。一年以后，幼狮长成了威武雄壮的雄狮了。在反偷

▲偷猎者眼中的狮子

▲愤怒的雄狮

自然传奇丛书

自然传奇丛书

猎队员的精心调教下，它成了追捕偷猎歹徒的有力帮手，常常躲在灌木丛中出其不意地怒吼一声，一跃而起扑向他们。就这样，反偷猎队员在这只雄狮的帮助下，捉住了许多可恶的偷猎歹徒。在一次追捕行动中，这只雄狮突然向一个落荒而逃的歹徒追去，用前爪一下子将其击倒在地，然后不停地怒吼。原来，这个人就是曾经杀害它母亲的那个匪首。原来它从来就没有忘记这个仇人的气味，终于报了杀母之仇。

智慧的报复

▲猕猴

人类的近亲——灵长类动物能够运用自己的智慧来实施报复，这让我们不得不担忧。

20世纪30年代中期，在我国太行山区的一个山寨附近，曾经发生了一起残害珍稀动物猕猴的事件，密林中的惨景令人吃惊：树上挂着的，地上躺着的，沟里泡着的全是金黄色的猕猴尸体，共有100多只，其死后的各种神态更是惨不忍睹。这是当地一家姓金的财主和他家的打手们干的。死里逃生的猕猴忘不了金家对它们的灭族之恨，一直在寻找着报复的办法。当它们看着满山未被采除的毒菌，便有了主意。这天，金家大院正在庆祝金老太太的70寿诞。猕猴们却早已来到金家大院。一只小猴从窗棂中钻进屋里，敏捷地跃到金财主的身上，狠咬他的耳朵，痛得他大声叫喊，等两名打手闻声进来时，小猴早已钻出窗外，向着他们龇牙咧嘴。金财主大怒，招呼全家人都来帮助围追小猴，谁知小猴却很灵活地逃

▲毒菌

脱了。与此同时，猴王带着10多只猕猴从后山墙进入了空无一人的厨房，它们的手里都捧着用石头捣烂了的毒菌，全部投进了微微滚动着的熊掌汤里。当天，金家大院的喜宴变成了丧宴，凡是喝过熊掌汤的当地恶霸、财主们，能够幸免的寥寥无几。

动物的报复心理是怎样产生的呢？它们的报复行为又怎么解释呢？对此，现在还没有一个圆满的解释，需要科学家们继续研究探讨。不管怎样只有人和动物友好相处，我们的世界才是完美的、幸福的。善待动物，就是善待人类自己。

广角镜——动物如何记仇

据专家介绍，有些动物确实会记仇，越凶猛的动物报复心越强。

泉州师范学院化学与生命科学院副院长戴聪杰认为，动物的复仇缘于动物也有记忆力，越是高等的动物记忆力越好。其中尤以灵长类、大脊椎类动物的记忆力最好。动物的记忆与动物脑的智力发育有关，不同的动物记忆力也不一样，记忆的特点和方式也有区别。

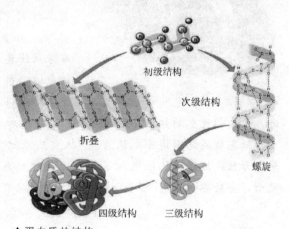

▲蛋白质的结构

世界著名的神经化学家乔治·昂加尔认为，动物的记忆力并非不可捉摸，而是一种具有化学物质的特性，由细小的蛋白质分子有序排列组合而成。他通过训练大白鼠受电击时发生恐怖情绪使之产生记忆力，然后把这种恐怖记忆物质抽取出来，又注射到另一只大白鼠身上，结果这只大白鼠没受过电击，就已经产生出那种恐怖的情绪，这说明前者的记忆力已被后者继承了。动物的记忆还属于最简单的记忆，也就是一种程序记忆，通常不易改变，在不自觉的情况下会自动行使。比如，动物单纯的反射动作，也就是条件反射。

永久的遗憾——封存到照片的生物

▲白足澳洲林鼠，19世纪初灭绝

来自英国生态学和水文学研究中心的杰里米·托马斯和其领导的一支科研团队在《科学》杂志上发表了一篇关于英国野生动物调查报告：在过去40年中，英国本土的鸟类种类减少了54％，本土的野生植物种类减少了28％，而本土蝴蝶的种类更是惊人地减少了71％。一直被认为种类和数量众多，有很强恢复能力的昆虫也开始面临灭绝的命运。事实远不止如此，其实，在世界各地的生物都面临着同样危机。同时，让人们忧虑的焦点，地球是否正面临第六次生物大灭绝。中国科学院动物研究所蒋志刚博士也认为："从自然保护生物学的角度来说，自工业革命开始，地球就已经进入了第六次物种大灭绝时期。"惊人的统计数据显示，全世界每天有75个物种灭绝，每小时有3个物种灭绝。

小博士

渡渡鸟

渡渡鸟是一种不飞鸟，居住在毛里求斯岛，与白鸽和鸠鸽有近亲关系。它站着有1米高，以水果为食，生活在陆地。渡渡鸟自17世纪中后期就已经灭绝了，通常是作为灭绝物种的原型。因为它是在有人类记录的时候开始濒临灭绝的。这个可以归功于人类的活动。形容词"渡渡"的意思是毋庸置疑的（死亡）。动词短语"to go the way of the dodo"的意思是濒临灭绝；变得过时；放弃一般用途或是变成明日黄花之事，即没有任何关系了。

第六次灭绝缘由

自工业革命以来，地球上已有太多的物种不复存在。现在我们正在经历的第六次物种大灭绝，人类却成了罪魁祸首。从进化论的角度来看，物种灭绝本是自然规律，比如大熊猫种群目前就处于一种衰退的状态。但是工业革命以来，地球人口不断地增多，人们需要的生活资料、活动的范围都在不断外延，紧接着对自然的干扰也越来越多——公路、农田、水库等不断取代了大量的森林、草原、河流。有关科学家估计：如果没有人

▲渡渡鸟，1799年灭绝

类的干扰，在过去的2亿年中，平均大约每100年有90种脊椎动物灭绝，平均每27年有一个高等植物灭绝。但是因为人类的干扰，使鸟类和哺乳类动物灭绝的速度提高了100倍到1 000倍。照这样的速度下去，到2050年，1/4～1/2的物种将会灭绝或濒临灭绝。

▲巴厘虎，1937年灭绝

现有的物种在不断走向衰亡，然而新物种却难以产生。根据化石记录，每次物种大灭绝之后，随之出现的是一些全新的高级类群，如恐龙灭绝之后哺乳动物迅速繁衍。虽说生物总是在不断地进化之中，但是每种生物都是经过漫长时间进化而来的。故新物种的产生需要很长时间和大量空间，然而残酷的现实表现为：到处都在人类的控制下，自然环境越来越差，生物失去了自然进化的环境和条件，不断阻碍着新物种的产生。比如，如果给老虎足够的生存空间，让它自由地捕猎，那么它可能会进化成一种类似虎的新物种，但是现实活动的空间有限，对它的生存都有极大的影响，就更不用谈进化了。

第六次灭绝的可能幸存者

高山生物幸存机会比较大。据相关研究结果显示，那些生活在高山地区的生物物种幸存下来的可能性要比其他地区的大一些，因为在全球气候变暖时，在该地区的生物有机会向更高也更凉爽的地区转移。然而那些生活在地势平缓地区的生物，如巴西、墨西哥等地的生物，它们面临的生存环境将非常不乐观，除非它们向千里以外的地区迁移，来适应变化了的气候和环境，然而这几乎是不可能实现的。

鸟类最有希望生存。凭借着强有力的迁徙能力，它们是最有希望幸存下来的物种之一。为了找到适合于自己生存的地区，它们可以长途飞行。让人比较担忧的是：由于森林和其他自然条件的恶化，它们并不一定能找到真正适合它们生存的自然环境，结果可想而知。

欧洲受影响最小。欧洲是自然环境受全球气候变化影响最小的地区。相对于世界其他地区的动植物而言，该地区的动植物生存概率要大得多。虽说如此，但在气候变暖的影响下，欧洲地区 1/4 的鸟类和 11 ％～17 ％的植物也面临着逐渐灭绝的命运。

 万花筒——生物大灭绝历史——自然而为

历史	时间	对象（或结果）
第一次	距今 4.4 亿年前的奥陶纪末期	大约有 85 ％的物种灭绝。
第二次	距今约 3.65 亿年前的泥盆纪后期	海洋生物遭到重创。
第三次	距今约 2.5 亿年前二叠纪末期	是地球史上最大最严重的一次，估计地球上有 96 ％的物种灭绝，其中 90 ％的海洋生物和 70 ％的陆地生物灭绝。

历史	时间	对象（或结果）
第四次	在 1.85 亿年前	80 ％的爬行动物灭绝了。
第五次	发生在 6 500 万年前的白垩纪	是为大家所熟知的一次，统治地球达 1.6 亿年的恐龙灭绝了。

失落的世界——奇异的"鼻行动物"

鼻行动物是胎生的哺乳动物，共有 14 科 189 种。鼻行动物的最大特征是拥有结构与功能奇特的鼻子，鼻子数有一个到数个不等。鼻子的形态也千奇百怪，有的像柱子，有的像树枝，有的像喇叭，有的像蜗牛等等。鼻子的功能也发生了惊人的变化，如爬行、跳跃和捕捉食物等，故它的鼻子有"鼻性步行器官"之称。与此同时，鼻行动物的后肢几乎退化得无影无踪，前肢大多也明显缩小，并且不再具有爬行功能。它们的体毛细而光亮，尾巴比较发达，有的尾巴能套取食物，有的尾巴生有毒钩，成为其有效的御敌武器。

有趣的是，19 世纪末，德国诗人克里斯蒂安·摩根茨坦在他的诗中写到了一种"用鼻子走路的动物"，这是人类历史上第一次提到这种动物并启用了"鼻行动物"这个名词。不过，当时人们都以为这是诗人"诗兴大发"后的"丰富想象"。然而到 1941 年，瑞典人谕姆维斯特在南太平洋哈伊艾爱群岛上见证了这魔幻的预言：真正发现了许多用鼻子走路的动物。

世间的事情并非想象的那么完美，鼻行动物还未及向大家展示，1957 年美国的一次秘密核试验，使得哈伊艾爱群岛整体沉没，鼻行动物全部罹难。从发现到毁灭，鼻行动物只在人类的视野里停留了短短 16 年。

疯狂肆虐的物种——引进物种成为入侵者

▲理想家园

人们总是在想方设法地改变周围恶劣的环境，让这个地球变得更适合人类居住。因此当人们去改造环境时往往都是出于好意，比如当土地沙漠化了，水土流失了，那我们就赶快植树，赶快引进其他国家里能够适应这种环境的植物、动物。好不容易终于看到了有效成果，不久就会发现这些家伙似乎变嚣张了，已经不受我们控制了，我们又开始为此而头痛了。

入侵物种带来的灾难

入侵物种是指由人为或自然原因从原生长地进入另一个新的生存环境，并对该环境的其他生物、生产造成损失，破坏生态平衡的生物。入侵生物具有适应能力强，繁殖、传播速度快，生态适应性高，消除和控制困难等特点。生物入侵目前是世界上最严重的环境问

▲紫茎泽兰

题之一，入侵的生物对人类的生活构成了一定威胁。

外来入侵者能够改变生态系统的结构和功能，还能破坏当地的生物多

▲紫茎泽兰"占山为王"

样性。曾在 20 世纪 50 年代中期，在我国的云南就发生了体内含有毒物质的恶性杂草侵占草场的事件，这种草叫紫茎泽兰。它将优良牧草驱逐，牲畜误食其茎叶引起腹泻和气喘；花粉及其蒴果进入眼睛及鼻腔会引起糜烂流脓，乃至死亡。除此之外，更严重的是它还会影响到正常的遗传。因为入侵物种可能会与本地物种发生交配，出现变异种。

点 击

据世界自然资源保护联盟（IUCN）的报告，外来物种入侵给全球造成的经济损失每年超过 4 000 亿美元。

如何两全其美

任何人都不会有意地去引狼入室，怎样去利用好外来物种，让它带给我们更多有利的价值呢？科学的方法和谨慎的态度是控制好引进物种的关键。也就是说外来物种并不是无法控制，无法很好利用的。在我们的生活中就有许多成功的例子，如万寿菊、月见草、银合欢等物种也是属于入侵者，但是我们却很合理地利用

▲水葫芦"吃掉一个湖"

它们，不仅带来了视觉享受，还带动了经济。

自然传奇丛书

生物的魔咒

　　当然还是有不少的引进物种成入侵者的事例。例如，我国的青岛就备受引进物种的灾害，如金鸡菊、豚草等植物，对青岛部分地方已经造成了负面影响。还有水葫芦，原产南美，在 20 世纪 30 年代时作为饲料被引进我国，但它的快速生长覆盖了水面，造成河道堵塞，影响了航运和水产养殖，对水生态系统造成破坏。这些问题的出现，都是由于我们在引进之前没有做好认真调研和充分实验导致的恶果。

广角镜——中国外来物种入侵现状

自然传奇丛书

　　中国是世界上物种多样性特别丰富的国家之一。根据文献记载和初步调查，中国已知的外来归化植物超过 600 种，其中外来杂草 108 种，被认为是全国性或是地区性的有 15 种。目前严重危害我国的外来动物约有 40 余种，昆虫类包括美国白蛾、松突圆蚧、湿地松粉蚧、稻水象甲、美洲斑

▲稻水象甲

潜蝇、松材线虫、蔗扁蛾、苹果棉蚜、马铃薯甲虫、小檀白蚁等。其他外来动物，还有原产于南美洲的大瓶螺，原产于东非的褐云玛瑙螺，原产于苏联的松鼠，原产南美洲的海狸鼠等。引进外来鱼类对湖泊本地的鱼种和生态系统也构成了巨大威胁，云南水域的生物多样性最大的威胁就来自于外来入侵的鱼类，例如草鱼、鲢鱼、鳙鱼、太湖新银鱼、麦穗鱼等。目前对农业危害较大的外来微生物病害有水稻细菌性条斑病、马铃薯癌肿病、大豆疫病、棉花黄萎病、柑橘黄龙病、木薯细菌性枯萎病、烟草环斑病毒病等。

▲美洲斑潜蝇

▲太湖银鱼

由于我国跨越 50 个纬度及 5 个气候带，所以来自世界各地的大多数外来物种都可能在我国找到合适的栖息地，中国很容易遭受外来物种的侵害。

科技文件夹——引进外来物种的目的

作为牧草或饲料：我国畜牧业长期过度放牧，草场退化，加大了各地对新的优质速生牧草的需求，从国外购买各种草种，其中一些已成为外来入侵者。

作为观赏植物：人们追求奇花异草，不断地引进国外的花草品种，其中一些外来观赏植物逃逸后成为危险的外来入侵者。

作为药用植物：我国传统中医药所采用的大部分为中国原产，也有部分为外来物种，其中一些已经成为入侵者。

作为改善环境植物：为快速解决生态环境退化、植被破坏、水土流失和水域污染等长期困扰着我们的问题，人们往往片面地看待外来物种的某些特点，这就为外来物种的入侵提供了一个极好的机会。

当然还有很多目的，如作为食物、宠物、水产品养殖品种等。

知识广播

我国的外来物种入侵问题特点

涉及面广：全国 34 个省、直辖市、自治区均发现入侵种。

涉及的生态系统多：几乎所有的生态系统。

涉及的物种类型多：从脊椎动物、无脊椎动物、植物，到细菌、病毒都能够找到例证。

带来的危害严重：外来物种入侵已经成为当前生态退化和生物多样性丧失的重要原因。

自然传奇丛书

病毒不减反增——生化武器带来新恐慌

生化武器也可称细菌武器。它的杀伤破坏作用可造成一场空前的灾难，直到现在日本遗留在中国的大量生化武器给我们中国人民在战争结束后留下了深远的痛楚。在 20 世纪 60 年代，随着抗生素和抗滤过性病原体的发现，人类充满信心地认为我们已经永远征服了各种传染疾病，所有病毒都可以被抗生素杀死。不幸的是，更多的病毒开始转变它们的基因来抵抗抗生素。到现在为止，生化病毒武器成为人类最大的威胁之一，让人类束手无策的病毒不减反增。

▲生化武器的黑暗世界

生化武器简介

生化武器是一种大规模杀伤性武器，以细菌、病毒、毒素等使人、动物、植物致病或死亡的物质材料制成的武器。它包括生物武器和化学武器。

生物武器是生物战剂及其施放装置的总称，它的杀伤破坏作用靠的是生物战剂。生物武器的施放装置包括炮弹、航空炸弹、火箭弹、导弹弹头和航空布撒器、喷雾器等。

化学武器是以毒剂的毒害作用杀伤有生力量的各种武器、器材的总称。化学武器的特点是杀伤途径多，毒剂可呈气、烟、雾、液态使用，通过呼吸道吸入、皮肤渗透、误食染毒食品等多种途径使人中毒；持续时间长，毒剂污染地面和物品，毒害作用可持续几小时至几天，有的甚至达数周；其缺点是受气象、地形条件影响较大。

小知识

　　生物战剂是军事行动中用以杀死人、牲畜和破坏农作物的致命微生物、毒素和其他生物活性物质的统称，旧称细菌战剂。生物战剂是构成生物武器杀伤威力的决定因素。致病微生物一旦进入生命体便能大量繁殖，导致破坏机体功能、发病甚至死亡。它还能大面积毁坏植物和农作物等。

广角镜——生物武器的发展历程

▲美国 E120 生物（细菌）炸弹

▲美国 E120 生物（细菌）炸弹剖面图

　　生物武器是一种大规模杀伤性武器，其发展大致可分为三个阶段：

　　20世纪初到二战结束，研制和使用的生物战剂主要是细菌，当时称为"细菌武器"。开始时的战剂仅限于少数几种细菌，如炭疽杆菌、马鼻疽杆菌和鼠疫杆菌等。生产规模很小，施放方法主要是由特工人员潜入敌方，用装在小瓶中的细菌培养物秘密污染水源、食物或饲料。

　　20世纪70年代末，生物武器进一步发展，出现了病毒武器、毒素武器等。生物战剂种类增多，包括细菌、病毒、衣原体、立克次体、真菌和毒素。剂型除液体外，还有冻干的粉剂。施放方式以产生气溶胶为主。除用飞机抛洒、投弹以外，还可用火箭、导弹发射生物弹头。杀伤范围扩大到数百至数千平方千米。

　　20世纪80年代以后，微生物学和

自然传奇丛书

生物的魔咒

武器制造技术有了一定发展，之后系统研制生物武器开始了。在现代技术条件下，利用微生物学方法可以大量制取生物战剂，使用方式也由简单的人工撒布逐步发展为利用远距离投射工具进行规模撒布。基因工程和其他生物技术的迅猛发展，其中备受注目的是基因武器。

小资料：见证生化武器灾难

▲销毁的生化武器

在人类战争史上，利用生化武器作为攻击手段的记载很多。

1346年蒙古人在克里米亚战争中利用鼠疫攻进法卡城。原来蒙古士兵中有人因感染鼠疫而死亡，他们把死者的尸体抛进法卡城里，结果鼠疫在守城者中蔓延，终于放弃了法卡城。18世纪英国侵略军在加拿大用赠送天花患者的被子和手帕的办法在印第安人部落中散布天花，使印第安人不战而败，也是殖民统治者可耻的记录。

1936年，侵华日军在中国哈尔滨组建细菌研究部队，并于1939年到1942年先后在中国多处投掷细菌弹。后来，美国军队在朝鲜战争中也使用过生物武器。

大规模杀伤性武器中，生物武器的面积效应最大。据世界卫生组织测算，15吨神经性化学毒

▲生化武器

剂杀伤面积为60平方千米；10吨生物战剂可达10万平方千米。第二次世界大战期间，英国在格鲁尼亚岛试验了1颗炭疽杆菌炸弹，至今该岛仍不能住人。生物武器的罪恶，引起了世界人民的极端愤慨。1972年联合国签订了禁止试制、生产和储存并销毁细菌（生物）和毒素武器的国际公约。但是少数发达国家从来就没有放弃生物战的准备，只不过是更加隐蔽罢了。由于生物武器比其他大规模

自然传奇丛书

杀伤性武器更容易制造和走私，因此，它对整个人类的威胁不仅没有消除，反而在冷战后更增大了。

在战争中使用生化武器，历来遭到世界各国人民的反对。然而，化学武器的发展历史证明，国际公约并没有能力限制这种武器的发展，更没有能力限制它在战争中的使用。生化武器成了一种禁而不止的大规模杀伤性武器。

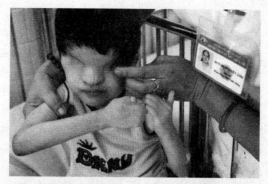

▲生化武器橙剂后遗症对越南人民的危害——这名因越战期间的"橙剂"造成伤害的越南儿童，一出生就没有眼睛。

点击——世界上三大最危险的生化武器

三大最危险的生化武器：炭疽热病菌、天花病毒和沙林。

炭疽热令人谈之色变。炭疽热是一种由炭疽热杆菌引发的急性传染病，主要以孢子形式存在，孢囊具有保护功能，使细菌能不受阳光、热和消毒剂的破坏而在自然界中长期存活。炭疽热主要发生在牛、羊等低等脊椎动物身上，人类感染的概率只有10 000∶1。它主要有三种类型：通过皮肤接触造成的皮肤性炭疽热、通过空气传播的呼吸性炭疽热、通过食用受染肉类造成的肠道性炭疽热。其中，呼吸性炭疽热后果最为严重，致命率约为95％～100％。

▲日本东京地铁站沙林毒气袭击现场

人类已经研制出疫苗和抗生素，可以有效防治炭疽热。即使感染了炭疽热，初期的治疗也非常容易。只要发现及时，对症下药，感染者一般没有生命之忧。

天花病毒最早初出现在古埃及，是世界上传染性最强的疾病之一。这种病毒繁殖快，在空气中传播速度极快。在感染后的短短15～20天内致命率高达30％。得了天花的病人轻则落下一脸麻子，重则丧命。

尽管自然界天花病毒已不复存在，但恐怖分子要想搞到它却并不难。因为天花肆虐期间，世界上曾有100多个国家的实验室保存过天花病毒，很难保证他们已全部销毁了这些病毒。目前，世界上还有两处获得世界卫生组织许可保存天花病毒的正式场所——美国亚特兰大的疾病控制中心和俄罗斯新西伯利亚的维克托实验室。只要恐怖分子肯出高价，就不愁不能从国际黑市弄到天花病毒。

沙林学名甲氟磷酸异丙酯，是二战期间研发的一种致命神经性毒气，可以麻痹人的中枢神经。它无色无味，杀伤力极强，一旦散发出来，可以使1.2千米范围内的人死亡和受伤；如果吸入了一粒米般大小的沙林，在15分钟内便会死亡。

恐怖分子很容易得到和储存沙林毒气，但很难进行大规模生产，因此这种毒气只适合发动个别的、小规模的袭击。1995年，奥姆真理教就曾在日本东京地铁站制造了沙林毒气袭击事件。

动物的生存之道

　　任何生命都有着求生的本能，为了生存或是生存得更好它们都有自己的生存之道。动物要在这个人类称霸的地球上找到一席之地实属不易，历尽了千百万年的优胜劣汰，最终的智者与强者被保留了下来。每个物种随时都面临着多方面的威胁，越来越聪明或是越来越残暴才能永久捍卫自己的地位，让自己的家族能够长久地繁衍生息下去。于是乎，现如今我们有幸还可以看到这样的一些生命中的强者，看它们为了活下去是如何使出浑身解数，使得我们震撼，使得我们毛骨悚然。

水中狼族——食人鱼

在南美洲的一些河流里生存着一种危险的水族生物——食人鱼。食人鱼俗名水虎鱼、食人鲳，是食肉的淡水鱼。食人鱼具有尖利的牙齿，能够轻易咬断用钢造的鱼钩或是一个人的手指，非常凶猛，因此特点被称为"水中狼族"。

▲食人鱼

食人鱼的面貌

食人鱼通常有 15～25 厘米长，最长的达到 40 厘米。成熟的食人鱼雌雄外观相似，具鲜绿色的背部和鲜红色的腹部，体侧有斑纹，有高度灵敏的听觉。两腭短而有力，下腭突出，牙齿为三角形，尖锐，上下互相交错排列。咬住猎物后紧咬着不放，以身体的扭动将肉撕裂下来，一口可咬下 16 立方厘米的肉。食人

▲锋利的牙齿

鱼的牙齿类似大白鲨的牙齿，会轮流替换使其能持续觅食。

捕猎方式

▲瞬间变白骨

俗语说："大鱼吃小鱼，小鱼吃虾米。"可是在南美洲亚马孙河流域的一些湖泊和河流中，却生长着一种群居性的小鱼——食人鱼，不怕大型动物，极具攻击性。

如果猎物在水中保持静止，食人鱼就不能发现猎物。即使在猎物身上有伤口的情况下也不例外。因为食人鱼对人或动物的攻击并不是依靠灵敏的嗅觉，而是凭借着水花和水里的波动感觉猎物的存在。

食人鱼常成群结队出没，每群会有一个领袖，其他的会跟随领袖行动，连攻击的目标也一样。在旱季时，水域变小，使得食人鱼集结成一大群，经过此水域的动物或人就容易受到攻击。

小资料：见证"水中狼族"的利齿

美国探险家杜林曾专程对食人鱼的利齿进行了见证。引起他这种做法的缘由是他亲眼看见一只大鸟在捕猎水中鱼时却在水中挣扎起来，最后沉入水中。这让杜林既吃惊又好奇，他想知道在水下到底生存着什么样的鱼，有如此之凶恶。为了解开这个谜团，他将一头山羊用绳子绑住推入水中，之后很快湖水便猛烈地翻腾起来。5分钟后，再当他拉起绳子一看，只剩下了一具纯粹的山羊骨骼。

▲食人鱼

杜林在山羊的胸腔骨里发现了几条形状怪异的小鱼，嘴里却长着两排像利刃般锋利的牙齿。它们掉在草地上乱跳，碰到什么咬什么。经研究发现，这正是亚马孙河流域中有"水中狼族"之称的食人鱼。它们成群结队的时候不可一世，但一离开群体，就成了可怜巴巴的胆小鬼了！

▲食人鱼骨架结构

知 识 窗

食人鱼为什么这么厉害？

这是因为它的颈部短，头骨特别是腭骨十分坚硬，上下腭的咬合力大得惊人，可以咬穿牛皮甚至硬邦邦的木板，能把钢制的钓鱼钩一口咬断，其他鱼类当然就不是它的对手了。

轶闻趣事——魔高一尺，道高一丈

食人鱼并不是所向披靡，为了对付食人鱼，还有许多鱼类在千百年的生存竞争中进化出自己的"防身武器"。例如，一条电鳗所放出的高压电流就能把30多条食人鱼杀死，然后再慢慢吃掉。

在亚马孙河杀手排行榜上第一的刺鲶善于利用它的锐利棘刺，去对付食人鱼。如果它被食人鱼盯上了，它就以最快速度游到最底下的一条食人鱼腹下，不管食人鱼怎样游动，它都与之同步动作。食人鱼要想对它下口，刺鲶马上脊刺怒张，使食人鱼无可奈何。

食人鱼还有一种独特的禀性，只有成群结队时它才凶狠无比。有的鱼类爱好者在玻璃缸里养上一条食人鱼，为了在客人面前显示自己的勇敢，有时他故意把手伸到水里，只要不在水里剧烈抖动或激起水花，在大多数情况下他都能安然无事。

生物的魔咒

开心驿站

如果书中的这些有关食人鱼的资料还不够让你过瘾的话，在这里向你推荐一部影视作品《食人鱼》。这部影片采用了3D技术，会让你身临其境，感受嗜血嗜肉的食人鱼如何生存。

万花筒

食人鱼在巴西马把格洛索州活动最频繁，每年约有1 200头牛在河中被食人鱼吃掉。一些在水中玩的孩子和洗衣服的妇女不时也会受到食人鱼的攻击。1996年2月，在巴西马瑙斯市东面200千米的地方，一辆公共汽车从一个渡口滚下了食人鱼经常出没的乌鲁布河。9个小时后，救援人员赶到现场，发现在这次意外事件中遇难的38名乘客，多数已被食人鱼的利齿咬得仅剩下了枯骨。

小书屋：食人鱼近亲——淡水白鲳

食人鱼的近亲——淡水白鲳（也叫锯鲑），不具攻击性！淡水白鲳和红腹食人鲳长得非常相像，就连专家也很难迅速分辨，但红腹食人鲳怕冷，无法在寒冷的地方过冬，而淡水白鲳则可以。虽然淡水白鲳属于食人鲳科，但属杂食性，不会伤人。它可食用，但腥味较重。它是20世纪80年代初期，我国从南美亚马孙河引进的养殖新品种。

偷油婆——令人作呕的蟑螂

史上最强悍生物，出现比恐龙早、且三亿年未改变，这就是人见人厌的蟑螂。但不是在任何地方都可以看到它的身影，它的生存也需要一定的条件。对敌人了解的越是深入，才能更有效地消灭它们。在这节你还将看到很多惊心动魄的场面，让你终生难忘。还有你未曾听说过的蟑螂家族的秘密。

▲蟑螂

自然传奇丛书

从称呼谈起

蟑螂目前有个很流行的称呼——"小强"，这个称呼拜星爷所赐。其实蟑螂也是外号，它有自己的正式名称，叫蜚蠊。蜚蠊属昆虫纲蜚蠊目，

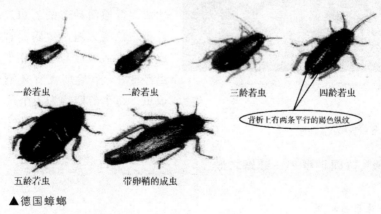

一龄若虫　　　二龄若虫　　　三龄若虫　　　四龄若虫

背析上有两条平行的褐色纵纹

五龄若虫　　　带卵鞘的成虫

▲德国蟑螂

根据不同品种，有大蠊、小蠊、光蠊、蔗蠊、土鳖等名称。世界已知约3
700种，大多分布在热带和亚热带区，少数分布于温带地区。在我国湖北
一带称作灶马子，川渝称为偷油婆。

繁衍生息

▲从卵鞘中孵出的若虫

蜚蠊为渐变态昆虫，一生有3个阶段，分别是卵、若虫和成虫。

雌虫产卵前先排泄一种物质形成卵鞘。其鞘坚硬、暗褐色，多为长1厘米，形似钱袋状。卵成对排列储列其内。雌虫排出卵荚后常夹于腹部末端，少数种类直至孵化，大多数种类而后分泌黏性物质使卵鞘黏附于物体上。每个卵鞘含卵16～48粒。卵鞘内的卵通常1～2个月后孵化。

蜚蠊有一个预若虫期，即在刚孵出时，触角、口器及足均结集在腹面不动，需经一次蜕皮，才成为普通活动态的若虫。若虫较小，色淡无翅，生殖器官尚未成熟，生活习性与成虫相似。若虫经5～7个龄期发育才羽化为成虫。每个龄期约为1个月。

轶闻趣事——蟑螂之最

1. 生存力极强

蟑螂几乎什么都吃，如各种食品、垃圾、粪便、死动物、衣服、书籍、皮毛等，在缺少食物的时候吃同伴的尸体、排泄物。

▲美洲大蠊卵荚

2. 保护能力强

蟑螂每小时能跑三千米路。昼伏夜出，触、嗅觉反应十分灵敏；遇到危险，马上溜之大吉，很难抓到。

3. 隐藏功夫强

蟑螂能钻进硬币大小的缝内（约0.5毫米厚），雄性成虫能钻进1.6毫米的缝内。带卵的雌蟑螂需要4.5毫米或两个硬币厚的地方躲藏。

▲美洲大蠊成虫

4. 繁殖能力强

雌蟑螂一生一般交配一次，每次交配时间长达2个小时，便可终生繁殖。

万花筒

蟑螂的药用价值

蟑螂并不是有百害而无一利，它还有一定的药用价值。主治通利血脉，养阴生肌，提升免疫，散结消积。美洲大蠊入药效果较好，美洲大蠊醇提取物对癌细胞有明显的抑制作用，对心血管疾病具有明显的疗效。

小贴士——防治蟑螂

保持室内清洁卫生，妥善保藏食品，及时清除垃圾是防制蟑螂的根本措施。同时根据蟑螂的季节活动规律，集中力量，反复突击，以彻底消灭之。

1. 卵鞘

人工清除柜、箱、橱等缝隙内的卵鞘，予以焚烧或烫杀。

生物的魔咒

▲居民大战蟑螂

▲蟑螂尸成堆

2. 成虫

除用诱捕器或诱捕盒捕杀外，主要采用化学药物杀灭。目前蟑螂的抗药性已提高了几十倍甚至更多，据实验得知，用市面上出售的喷杀剂喷杀蟑螂后，在短短的4～6小时后，蟑螂会复活，而当时见到的只是一种假死现象。为此，只能更进一步地加大药物的浓度或加大用量，这样做又加速造成环境污染及危及人类健康。所以需注意安全和及时清除死亡虫体。

友情提醒——会飞的蟑螂警示

原来会飞的蟑螂是怀孕的！说是为了保护肚子里的卵才会飞，所以为了让家里的蟑螂别再那么多子孙，看到会飞的蟑螂就赶快消灭吧！因为它肚子里有好多好多蟑螂已经快成为我们的大敌了，数目多到难以想象。现在看到蟑螂飞翔的话，杀死以后再用酒精烧。这样，它的卵才会死掉。

如果你只是把怀孕的蟑螂打死后丢掉或冲入马桶，蟑螂卵的生命力极其顽强，它们还是会从尸体里孵化出来。

轶闻趣事——庐山谜

庐山有四谜，其中一谜就是庐山的宅野无蟑螂，而山下九江的蟑螂特别多，对此现象专家们都各有说法。生物学家认为，庐山上可能存在着一种蟑螂的天敌；植物学家则认为，庐山上可能长有一种或多种使蟑螂无法生存的植物；环境学者指出，无蟑区高度都在海拔千米以上，因此庐山无蟑螂可能是山高氧稀所致；但一些生物学者否定了这一看法，因为与庐山高度相同的黄山、武夷山等地仍有蟑螂存在。

无论是什么原因导致庐山无蟑螂，其中有一点可以看出，天敌还是原因之一。

近年来，人们确实发现，蟑螂的天敌有蟾蜍和青蛙。日本国立遗传学研究所的小动物饲养房里，蟑螂一度泛滥成灾，人们束手无策。后来，饲养房里放养了一些蟾蜍。不久，蟑螂便销声匿迹了。经过解剖发现，蟾蜍胃里大多是蟑螂的残体。科学家也尝试利用寄生蜂来防治，或利用遗传工程技术使雄性蟑螂不育，然后放回城市，让它们与雌性蟑螂交配，使雌性蟑螂不能产下后代，这样就能极大减少城市中蟑螂的数量。

可是，在现实生活中不可能为了抓蟑螂而养很多蟾蜍、寄生蜂等蟑螂天敌。所以主要还是要妥善管理环境，避免滋生蟑螂，才是根本之道。

最折磨人的死亡——杀人蜂的酷刑

在南美洲，有一种令人们闻之色变的"杀人蜂"。据不完全统计，在短短的几十年里，已经有几百人被这种毒性极强、凶猛异常的蜂活生生地蜇死。受害者在死之前几乎全身各处受尽了疼痛的折磨。至于在这种蜂的攻击下，死于非命的猫、狗和其他家畜，更是不计其数。

▲成千上万只杀人蜂

恐怖杀人蜂

▲杀人蜂

杀人蜂是一种食肉动物，靠捕食害虫和其他一些蜜蜂为生，因此对防治森林病虫害有很大作用。杀人蜂，又叫非洲化蜜蜂、胡蜂。因为这种蜂种是由非洲普通蜜蜂跟丛林里的野蜂交配发育繁殖出来的新品种，对人畜具有较大的杀伤力。杀人蜂主要造成的危害在于其攻击性，在资料里提到，它们的攻击行为可能跟"荷尔蒙"的分泌有关。

杀人蜂致死原因

蜂毒是由工蜂的毒腺分泌的一种淡黄色透明液体，其化学成分极其复杂，除了含有大量水分外，还含有多种多肽、酶、生物胺、胆碱、甘油等物质和 19 种游离氨基酸等。在组成蜂毒的多肽类物质中，蜂毒肽的含量最高，约占干蜂毒的 50 ％。正是这一成分成了遇袭者致病致死的罪魁祸首。因为蜂毒肽是一种强烈的心脏毒素，

▲杀人蜂巢

具有收缩血管的作用，同时蜂毒的血溶性又极强，因此对心脏的损害也就极大。遇袭者在被蜇以后，普遍出现头痛、恶心、呕吐、发热、腹泻、气喘、气急、呼吸困难等诸多症状，以致肌肉痉挛、昏迷不醒，严重者出现溶血、急性肾衰竭而致死。

广角镜——杀人蜂，人造的灾难

地球上从来就没有杀人蜂这个品种，而是人类为改造自然而带来的恶果。在 20 世纪中叶以前，美洲大陆上只有欧洲蜜蜂。但欧洲蜜蜂不太适应当地气候，产蜜量不高。1956 年，巴西圣保罗大学一些科学家为解决这个问题将采蜜多和繁殖力强的非洲蜜

▲杀人蜂——人造灾难

蜂与欧洲蜜蜂进行自然交配，希望能够获得一种集双方优点于一身的新品种。谁知事与愿违，得到的产物——非洲化蜜蜂并不能增加产蜜量，反而比非洲蜜蜂性

自然传奇丛书

生物的魔咒

格更加暴躁、攻击性也更强。接着，由于管理疏忽，1957年，一批非洲化蜜蜂从实验室逃脱，进入了附近的森林。

科学家认为，杀人蜂生活在非洲，那里的天敌很多，如果不主动发起进攻，就会被其他动物消灭。在艰难的生涯中，经过自然选择，那些富有进攻性的蜂群得以保存下来，繁殖后代，于是杀人蜂出现了。据专家统计，杀人蜂的总数已经超过了10亿只。而且它们生性多疑，易受惊扰，往往从15米外就开始毫不留情地攻击它们认为的"入侵者"，攻击时间可长达3小时，追击距离可达数千米。

知 识 窗

意外发现性情温和的南美洲杀人蜂

非洲蜜蜂和"美洲杀人蜂"的后代是一种较为温和的新品种。目前，一些研究机构已展开实验，希望此举能最终解决"杀人蜂"。同时，人类也希望这一做法不会带来其他的恶果。

小资料：历数杀人蜂蜇人事件

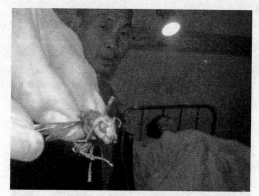

▲"杀人凶手"和受害者

有一年，巴西的几名工作人员在清除烟囱上的一个蜂窝时，触怒了杀人蜂。霎时间，杀人蜂涌出巢穴，整个天空被嗡嗡声覆盖。狂暴的蜂群对所有活体动物加以攻击。事后人们统计，在3个小时内，竟有500余人总共被蜇了3万多下，平均每人60余下。

20世纪70年代中期，有一名女教师在回家的路上，手背上偶然停落了一只蜜蜂。她顺手打了一下，转眼间，几百只蜜蜂劈头盖脸飞来，在她面部和后背蜇了几百处伤痕，人们将她送到医院，不久她就死了。

2005年9月地处陕西东南的安康，发生一场毒蜂杀人事件。杀人蜂所散播

自然传奇丛书

的恐怖气氛便开始笼罩这一地区。由安康市各大医院粗略统计得出，安康市九县一区均无一例外地遭受杀人蜂袭击，伤者达数百人，死亡超过 10 人。

杀人蜂给人类带来了恐惧，怎样能更好更安全地去利用杀人蜂这样一个蜂种呢？科学家在不断地努力着。在这里通过这么多事例介绍，也是在提醒大家不要游手好闲，不要对蜜蜂掉以轻心。

轶闻趣事——疯狂养蜂人

35 岁的哥伦比亚养蜂人 MarinTellez 试图诱使 50 万只非洲化蜜蜂（杀人蜂）停落在他身上，并以此创造一项新的吉尼斯纪录。

▲疯狂养蜂人

自然传奇丛书

海洋中的恶魔——大白鲨

还记得电影《大白鲨》中那曾令我们惊心动魄的情节吗？即使你没有亲眼见到过大白鲨，我相信通过电视和书籍，它在你的脑海中一定是一个恐怖的杀手，一个海洋中的恶魔。除此之外你对这个在地球上生存已经有三亿多年了的它还了解多少呢？在这里更多关于它的故事让你惊叹。

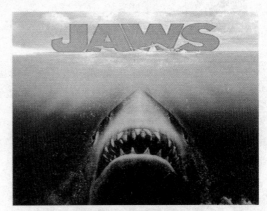

▲电影《大白鲨》海报

海洋恶魔的相貌特征

▲大白鲨

大白鲨又称食人鲨、白死鲨，是大型进攻性鲨鱼。大白鲨身体硕重，身长约 6.4 米。它还长了一对与其体形不相符的乌黑的眼睛。大白鲨的皮肤并不全都是白色的。一般背部为灰色、淡蓝色或淡褐色，腹部呈淡白色。之所以称之为大白鲨，是因为从海面上面看去，它们的背部暗色很容易与深色海面融为一体，而从下方往上看，它们的灰白色的腹部又与带着亮光的水面相匹配呈现白色。

还有那锋利无比的牙齿，牙大且呈三角形。我们人类一生只有在小时候能更换一次牙齿，当长大后就不再可能更换牙齿。你知道吗？大白鲨一生之中将丢失并更换成千上万枚牙齿。大白鲨的每颗牙齿大约 10 厘米长，边缘还有锯齿，大白鲨在撕咬猎物的时候，通常会掉几颗牙齿，但是它不必为此担忧。因为它有后备牙齿，当前面的牙齿脱落，后备牙齿就会从后面缓慢地向前移，并竖立起来继续使用。在任

▲大白鲨

何时候，大白鲨的牙齿都有大约三分之一处于更换过程之中。

不光牙齿，大白鲨的皮肤也是具有杀伤力的。它的皮肤虽然没有鱼鳞，但是长满了小小的倒刺，非常粗糙，哪怕只是被它撞了一下的猎物也会鲜血淋漓。

万花筒

大白鲨是唯一可以把头部直立于水面之上的鲨鱼，这个优势使得它们可以在水面之上寻找潜在的猎物。然后在水下发起攻击，它通常从猎物下方加速向上冲撞出水面，巨大的躯体甚至可以完全跃出水面，在空中咬住猎物。

海洋恶魔的秘密

大白鲨分布于各大洋热带及温带区，一般生活在开放洋区。但常会进入内陆水域对游泳、潜水、冲浪的人，甚至小型船只进行致命的攻击而恶名昭彰。

自然传奇丛书

生物的魔咒

▲血盆大口

大白鲨是大型的海洋肉食动物之一，食物包括鱼类、海龟、海鸟、海狮，甚至是体重与它相似达到 3 吨的海豹。人们在被解剖的许多大白鲨的胃里发现里面有瓶子、罐头壳、草帽等等，这充分说明，大白鲨是一个不挑食的杂食家。

生活在水中的鱼类的体温通常和周围水温一样，可是大白鲨有一种不寻常的能力，它可以保持体温高于周围水温。而高体温可以帮助它们游得非常快，而且有助于消化。

大白鲨嗅觉和触觉极其灵敏，可以嗅到 1 千米外被稀释成原来浓度的 1/500 的血液气味。它的游泳技能也很出色，可达 40 km/h 以上的速度，它还能觉察到生物肌肉收缩时产生的微小电流，以此判断猎物的体形和运动情况。

大白鲨在水中的游泳速度最高可达 69km/h。它的这个速度相当于奥运百米冠军速度的 2 倍。科学家曾经在加州海边跟随一条鲨鱼直到夏威夷，行程 3862 千米，仅仅用了 40 天！

▲愿者上钩

自然传奇丛书

广角镜——大白鲨的"洛伦兹壶"

大白鲨的侧线是由一些小窝底部的感觉器官所组成，每个感觉器官都有小孔道通往皮肤外面，用来感觉水流的振动，可以侦测出距离可达到 500～600 米的猎物存在方位。这些感觉器官顺着皮下一条非常细的管道通向尾巴，嘴巴下方则分开，而这条细管每隔一段距离也会另有细微信道通往外部。而在大白鲨口、鼻周围，分布着密密麻麻的小毛孔，称为"洛伦兹壶"，是一条很深的信道，其作用是作为电感受器来感知周围微弱的电场变化，能接收到水中猎物的微弱电讯，由此可以发现隐藏着的猎物或猎物的动向。

大白鲨的数量正在减少，目前在世界上的许多地方它都受到保护。尽管如此，它们仍然是定期捕猎的牺牲品，并且黑市上已经兴起了与这些健壮动物的牙齿和上下腭有关的交易。

自然传奇丛书

拜访吸血鬼——蚊子

▲蚊子

每到炎炎夏日就有可恶的蚊子出现，破坏我们愉快的心情，更可恶的是任你怎么驱赶它，它都会缠着你不放，直到达到目的。你对这吸血鬼了解多少呢？知道它为什么会吸血吗？知道它是一些疾病传播的罪魁祸首吗？注意过它的生长过程吗？它喜欢居住在什么样的环境中呢？只有对你的敌人了解得越多，你才越能做好防备并战胜它。

蚊子的一生

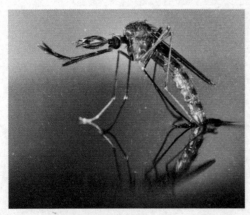

▲蚊子从蛹变为成虫并浮出水面

蚊子一般每年4月开始出现，8月中下旬达到活动高峰。秋天气候变冷温度降到10℃以下时，蚊子就会停止繁殖，不食不动进入冬眠，直到第二年春天复苏繁衍，接着出来害人。

每只蚊子在一个完整的生命周期里要经历四个阶段——卵、幼虫、蛹以及成虫。30℃左右最适宜蚊子成长，太高了它们也受不了。在开始的48小时里，蚊子的卵会一个靠着一个地排列在一起并漂浮在水面上，而这个时期大部分的卵都将演变成幼虫。幼虫都活在水中，通过虹吸管进行呼吸，它们每一次蜕皮之后，皮肤的面积都会扩大至原来的四倍，而这样的蜕皮前后一共有四次。随着蜕皮的完成，幼虫也就变成了蛹，在随后的时间里，幼虫的皮肤逐渐开裂，经过大概两天时间之

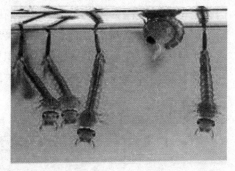

▲水中蚊子的幼虫

后，它就从卵长成了一只成年的蚊子。成年后的蚊子身长大约 16 毫米，有的个体最久可以存活一个月，而有些仅仅只能存活四天时间。

看吸血鬼如何嗜血

▲饱餐一顿

蚊子有雌雄之分，雄蚊触角呈丝状，触角毛一般比雌蚊浓密。雄蚊是素食主义者，它们的食物都是花蜜和植物汁液。雌蚊也偶尔吃素，但主要吸血。在繁殖前雌蚊需要叮咬动物以吸食血液来促进卵的成熟。

蚊子的唾液中有一种具有舒张血管和抗凝血作用的物质，它使血液更容易汇流到被叮咬处。

被蚊子叮咬后，被叮咬者的皮肤常出现起包和发痒症状。几乎每个人都有被蚊子"咬"的不愉快事，事实上应该说被蚊子"刺"到了。蚊子无法张口，所以不会在皮肤上咬一口，它其实是用 6 枝针状的构造刺进人的皮肤，这些短针就是蚊子摄食用口器的中心。这些短针吸人血液的功用就像抽血用的针一样；蚊子还会放出含有抗凝血剂的唾液来防止血液凝结，这样它就能够安稳地饱餐一番。当蚊子吃饱喝足、飘然离去时，留下的就是一个痒痒的肿包。但是，痒的感觉并不是因为短针刺入或唾液里的化学物质而引起的。我

自然传奇丛书

生物的魔咒

们会觉得痒，是因为体内的免疫系统在这时会释出一种称为组织胺的蛋白质，用以对抗外来物质，而这个免疫反应引发了叮咬部位的过敏反应。当血液流向叮咬处以加速组织复原时，组织胺会造成叮咬处周围组织的肿胀，此种过敏反应的强度因人而异，有的人被蚊子咬后的过敏反应比较严重。

 广角镜——常见的四种蚊子

监测发现，大部分市区主要活跃着四种蚊子：淡色库蚊、三带喙库蚊、白纹伊蚊和中华按蚊。其中最常见的是淡色库蚊，其次是中华按蚊。

我们在家中最常见到的蚊子是淡色库蚊，这种蚊子晚上咬人，白天不活动，飞行速度相对较慢，身体呈淡褐色，吸血后在人体上留下的肿包较大，被称为"轰炸机"，是传播乙脑的主要媒介。

白纹伊蚊正好相反，只在白天咬人，夜晚不活动，俗称为"花蚊子"。这种蚊子最凶猛，一看到人就要叮。因为它们叮咬人的速度非常快，等到人有感觉的时候，只能看到受伤处留下的红斑点。白纹伊蚊喜咬人的四肢，主要传播登革热等传染性疾病。

◆淡色库蚊　　◆三带喙库蚊

◆白纹伊蚊　　◆中华按蚊

三带喙库蚊和中华按蚊主要生长在野外，主要传播乙脑、疟疾等。

 知识广播

知己知彼，百战不殆

蚊子的生存繁殖环境必须有水，因此地面积水、洼地浅坑、污水、臭水沟、容器存水、花盆积水、下水道、地沟、有水的盆盆罐罐等，包括家里的天井、雨棚、下水管道、地漏，甚至花瓶等周围，都是蚊子的栖身和繁殖之处。因此，防蚊的第一战就是要彻底消灭蚊子的生存空间。

自然传奇丛书

动物的生存之道

讲解——蚊子怎样把病原传入人体呢？

　　蚊子主要的危害是传播疾病。据研究，蚊子传播的疾病达80余种之多。我们就以疟疾这种病为例。疟疾是由疟蚊传染的。1930年远东热带病医学会的报告指出：泰国每年死于虎口约50人，而死于疟疾者达5万人。传染疟疾的疟蚊分布在中南美洲、非洲、大洋洲和中亚，尤以非洲最为严重。在非洲，平均每30秒就有一个儿童死于疟疾。

　　当疟蚊吸食患有疟疾病人的血液同时也把其中的疟原虫吸进体内。它们再咬人时，疟原虫又从蚊子的口中注入被咬者的体内了。十天以后，疟原虫开始在接近皮肤的血管内出现。它们在患者的红细胞内繁殖，分裂成大量的小疟原虫，这些小疟原虫破坏红细胞并释放一种毒素。每个小疟原虫又侵入其他红细胞而继续繁殖，使得病人体内疟原虫和毒素越来越多。病人会首先发冷，全身抖个不停，但体温表测验体温是高的。大约经过一小时，病人才觉得发烧，这时体温继续上升，三四小时之后开始出汗、体温下降，再过几小时病人觉得松快，病好像过去了，其实这时小疟原虫已侵入新的红细胞，又开始繁殖。当疟原虫再次破坏红细胞时病人又发病而形成第二回合。除非获得适当的治疗，否则这种发作将有规律地继续下去而令人痛苦不堪。疟疾给人类造成的损失是相当大的，病人身体衰弱，工作效率低，严重时会丧失生命。

　　我国能传播疾病的蚊大致可分为三类：一类叫按蚊，俗名疟蚊，主要传播疟疾。据不完全统计，1929年的1年内，全世界因患疟疾致死的约200万人。另一类叫库蚊，主要传播丝虫病和流行性乙型脑炎。第三类叫伊蚊，身上有黑白斑纹，又叫黑斑蚊，主要传播流行性乙型脑炎和登革热。

万花筒

哪些人惹蚊子青睐

　　科学家研究表明，蚊子叮人是有选择的，能为蚊子带来丰富胆固醇和维生素的人最受蚊子青睐。蚊子叮人是不区分血型的，因为蚊子想吃的不是血，而是含糖物质，雌蚊子之所以会叮人，不过想提高自己的繁殖力而已。

自然传奇丛书

小贴士

　　室外的蚊子最爱选择黄昏时飞进屋里对人发起进攻。如果在傍晚使用驱蚊用品，就可以有效地阻止室外的蚊子从门窗缝隙飞进屋里，也会使原来就在屋里的蚊子被熏得夺路而逃，这样就会减少房间里蚊子的数量。

　　蚊香点燃以后大约要过两个小时才会在房间里均匀地散发开，所以最佳驱蚊时间应该是傍晚时分或者睡前两小时。

最霸道的蚂蚁——劫蚁

蚂蚁是动物王国里的小不点儿，我们把它视为弱者。但是，弱的个体如果有着强大的群体意识的话，情况就不同了。蚂蚁中就有这样一群蚁——劫蚁，遇到它们若掉以轻心，你可就会很快去西方极乐了。

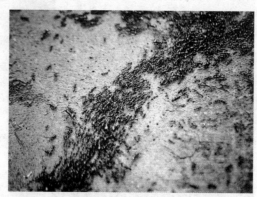

▲永不止步的劫蚁

自然传奇丛书

劫蚁出征，生灵涂炭

▲不可小看的"行军蚁"

劫蚁又称"南美洲食肉蚁""狩猎蚁""行军蚁"。虽然只有半个拇指那么大，但凭借它相当厉害的嘴巴，在热带森林里所向无敌。它的嘴巴到底有多厉害呢？劫蚁可以在一眨眼的工夫咬穿几层衣服。它们往往形成 10～15 万之众的大家族，什么都吃，它们走过的地方，只能剩下白骨。

它们昼憩夜袭。到了夜间，"侦察兵"外出侦察，一发现有吸引力的食物，立即回来通报。于是"全军"出动，排成宽达 5 米的横队，啸聚 10～15 万之众，浩浩荡荡踏上讨伐征途。一路之上，只要是避之不及的大小动物，均属劫蚁大军围攻、消灭之列。不论是兔、鼠、鸡、犬，抑或是熟睡的牛、羊、犬、蟒蛇，都难免于难。劫蚁这种横冲直撞的行军往往要持续十几天，然后休息，再行军，循环不已。

▲躲避未及的昆虫

 小故事——旅店夜晚惊魂

▲超级捕食者

著名的德国旅行家爱华斯，曾遭遇过劫蚁的突然袭击，幸免于难。我们再来回顾那个让爱华斯魂飞魄散的夜晚，看看他是如何逃出劫蚁大军的。

爱华斯到墨西哥去旅行，晚上住在乡下一家小旅店里。他在房间正要写诗，忽然听到窸窸窣窣的响声。他循声向房门那儿看去——天啊，大群的劫蚁从门缝下过来了，黑压压的一大片！"大军"很快攻下了半个房间，他吓得赶紧跳上椅子。爱华斯想到劫蚁可以爬上来，于是赶紧又转移到桌子上。它们很快又追踪而来，他想跳下去夺门而逃，可是一看到房间里整个地板全是劫蚁，怕一落地没有站稳，葬身在劫蚁群中。眼看劫蚁要爬到脚上了，他这才发现附近还有一只洗脸台，上面摆着一只铅皮水罐，就跳过去站在罐中。罐中虽然有水，劫蚁还是爬到了罐沿，威胁着爱华斯。此时，劫蚁身上发出的烂肉般的臭气，熏得他快要晕倒了……忽然他发现一米外有张床，奇怪！那儿一只劫蚁也没有！爱华斯立即跳到床上，抓过被单蒙住头躺下来。后来，他迷迷糊糊地睡着了。

第二天早晨，爱华斯被女店主叫醒。他往四周一看，咦，一只劫蚁也不见了！他还以为自己做了一个梦。他问店主是否知道昨夜的灾难，店主乐呵呵地点头说："这可是件求之不得的喜事呵！"爱华斯听了莫名其妙。店主解释道："店里老鼠、跳蚤、虱子、蟑螂和蜈蚣很多，总是没法清除，现在来了劫蚁，就像做了一次大扫除，把它们全消灭了，怎能不高兴呢？至于床上为什么不见劫蚁，那是因为四只床脚都踏在盛满火油的盆子里。"

轻松一刻

劫蚁要休息了，如果栖息地有树，它们就爬上树，从那儿挂下来，一只钩住另一只的脚，形成劫蚁编成的"帘子"。这样的休息方式多么奇特呵！如果栖息地无树，它们就抱成一团。天气炎热，它们就抱得松一点，可以透气；天气凉了，为了取暖，它们就抱得紧一点。所以这是一只"热胀冷缩"的球。

实验记录

劫蚁带给人的好处除了可以杀死一些害虫之外，它还为动物标本制作者帮了个大忙。因为要想制作一个丝毫无损的标本要花很多的心血，但当人们发现劫蚁把一只拴着的羊吃得只剩下一副骨骼后，受到了启发，干脆把死豹扔在劫蚁将要路过的地上，让它们进行"加工"，不一会儿，就能获得一具干干净净的豹骨标本。

万花筒

劫蚁是睁眼瞎

劫蚁虽然厉害，但它们都是瞎子。它们原来有眼睛，但后来退化了，这叫"睁眼瞎"。那么它们怎样寻到食物的呢？原来它们的嗅觉非常灵敏。爱华斯不是受到过它们的袭击？它们并不知道被袭击的对象是人，反正人的气味也是动物的气味，同样是可以美餐一顿的。

阴险狡诈的代表——狼

狼是家犬的祖先，外形和狼狗相似。但嘴略尖长，口较宽阔，耳竖立。古往今来，狼在人们心中的印象大多是凶狠、残暴、贪婪、狡猾。人们常常用狼来形容一些心狠手辣、狡猾、品行不良的人。甚至是在童话故事当中，也总是把狼列入凶恶的角色。很少有人有机会去与狼接触，去亲眼看见它

▲深邃的眼神

的奸诈凶狠。让我们从它的每个行动细节去体会吧！

狼 在 行 动

▲狼在行动

狼既耐热，又不畏严寒。狼栖息范围广，适应性强，凡山地、林区、草原、荒漠、半沙漠以至冻原均有狼群生存。中国除台湾、海南以外，各省区均产狼。狼通常在夜间活动，嗅觉敏锐，听觉良好，极善奔跑，常采用群追方式获得猎物。

团队合作是狼的生存之道，集体的力量是巨大的。尤其是在捕猎大型动物的时候，集体的力量就显得尤为重要。围捕、伏击都是狼经常使用的战术。而采用这样的战术，都要

经过漫长的等待时间，足见狼是何等具有耐心的动物。也正是有了这样的耐心，狼才能在各种恶劣的自然环境中顽强地生存。年幼的狼会不断向"长者"学习捕猎技术，这就维持了狼群的统一性和高超的捕猎技术。

狼群体捕食分为这样几个步骤：

1. 选定目标。

2. 实施跟踪观察。

3. 再次选定目标，找准时机，发动进攻。

4. 每次只有 1～3 只狼追捕，轮流追捕，拖垮猎物。

5. 蜂拥而上，杀死猎物。

▲寻找目标

▲跟踪观察

讲解——狼的族群

狼群的家庭生活竟与我们人类家庭有不少相似之处。人类家庭通常由父亲、母亲和儿女们组成，狼也是如此。一个狼的小家庭，家庭成员数目 10 只左右，其中包括一头公狼、一头母狼和一群幼狼。但狼的族群就不同了，它由好些小家庭共同组成，整个狼群有几十名或近百名成员。

在狼的族群中，具有严格的等级制度。经验丰富、资历深厚的老公狼

▲情有独钟

自然传奇丛书

▲依依不舍"亲人"的幼狼

作为族群中的首领，享有至高无上的权力，族群中的任何大事，都得由它做出决定。首领带着狼群外出猎食，什么时候跟踪和攻击目标，什么时候休息，以及食物的分配等，一切都要听从首领的指挥，成员们不可以擅自行动。

狼群的各成员之间，经常会为了一些小事而产生不愉快的摩擦。但奇

怪的是，虽然狼生性凶狠残忍，同一家庭的成员之间却很少发生恶斗。这其中的原因是什么呢？原来，狼的族群中除首领之外，每个成员都有不同的社会地位，狼与狼之间的许多矛盾，就是通过地位高的成员对地位低的成员进行威胁而解决的。狼的社会地位需要通过较量争取，力量强大者地位较高，一旦各成员的地位被确定后，可以保留较长的时间。以后狼群

▲首领发出进攻号角

内一旦出现矛盾争吵，只要地位高的成员出面进行威胁，地位低下者只好退缩降服，这样就避免了狼群内部矛盾的激化。

▲享受战果

然而，当两只不同族群的狼相遇时，由于大家都不知道对方的底细，双方会摆出一副吓人的模样，企图镇住对方。如果两头狼都不肯示弱服输，都希望自己高出一头，便只有通过格斗来分上下。

格斗时，双方龇牙咧嘴，一边叫，一边兜圈子寻找进攻机会。经过几个回合的交手，处于下风的弱者，为了避免受伤流血吃更大的亏，马上会停止充满挑衅的"呜、呜"叫声，而改用呼喊救命似的高声尖叫。与此同时，它还会翻身躺倒在地，夹紧尾巴，向对方暴露出最容易受到伤害的致命部位，如胸部、腹部和颈部，以表示停止抵抗，无条件投降。这时候，胜利者不管有多么愤怒，只要一见到对手表示投降，就会立即停止进攻。它面对投降者，高高地昂起脑袋，满脸得意忘形的神态，嘴里发出一阵阵狂妄的鸣叫，胜利者在地上撒上一泡尿，表示格斗结束，吃了败仗的狼这才垂头丧气地溜走。

原来狼的族群中每个狼都有自己的社会地位和角色，跟我们人类社会一样。它们也有着自己的社会制度和解决问题的方法。了解了狼这个族群后，你有没有觉得狼其实并不是完全的冷血无情啊！

知识库——狼犬

狼犬亦称"狼狗"，一种外形如狼的狗。性凶猛，嗅觉灵敏。饲养狼犬用以协助打猎或牧羊，亦可训练做侦察工作。实际上"狼狗"并不是一个确切的品种名，"狼狗"一词最先用来区分早先农村地区的"笨狗"（即中华田园犬）。这种狗因外表像狼而得名。这种狗主要分为德牧（黑背）、狼青等品种，种类繁多，甚至体形较大的"笨狗"也能称作狼狗。

▲德国牧羊犬

狼狗是狼和狗交配所得的动物。因为从生物学的角度讲狗和狼属于学名为Canislupus的同一个物种，所以狼狗与骡子不同，并非杂种，故它们具生育能力。

狼犬常见的品种有德国牧羊犬、昆明犬、狼青犬、苏联红犬等。

生物的魔咒

好书推荐——《狼图腾》

这本书由几十个与狼有关的故事构成，每个故事都被作者写得引人入胜，让读者感到酣畅淋漓。故事揭示的，不仅是对我们是龙的传人还是狼的传人的文化探索，也有人类对自然生态严重破坏的社会反思。在草原没有被野蛮开发时，草原上的一切都是那么和谐，充满了天性自然的美感。而当大量人口进入后，草原几乎遭到了灭顶之灾。在枪口下，狼群的数量迅速减少，剩下的也多逃往蒙古国避难。狼的威胁小了，牛羊的生产就上去了，草场很快就被啃光了。

小资料：祁连山有新情况——狼为何不吃岩羊？

新华每日电讯在2010年7月4日刊登了一篇题为《祁连山有新情况——狼为何不吃岩羊？》的报道。乍看题目确实引来不少人的关注，因为这狼吃羊的天性是自古至今都没有变过的，今天居然出现了这狼不吃羊的天下奇闻，究竟怎么回事呢？让我们去看个明白。

甘肃祁连山地区经过20多年自然保护，野生动物数量大大增加，但"喜悦的烦恼"随之而来，由于草场围栏、铁路和高速公路建设等人类活动影响，野生动物不能在大范围内迁徙，"狼群"和"羊群"不能相遇，造成局部性灾害。一方面是成群岩羊糟蹋牧场，一方面狼群经常袭击畜群。

对于生态保护工作来说，野生动物数量增加是好事，但让人烦恼的是，目前岩羊增加的数量过多了。张掖市甘州区平山湖乡的牧民经常遭到生活在东大山下的岩羊闯进草场，侵食牧草的行为，令当地牧民头疼不已。甘州区岩羊成灾，与甘州区临近的张掖市山丹马场遭受狼群危害对比鲜明。

哎，原来还是人类自己考虑不周、管理不当惹的祸。

自然传奇丛书

美女还是野兽——蜻蜓

蜻蜓常见于全世界各地的淡水环境附近，并出现在国画、油画、散文、电影、医药和动漫等领域，为我们熟知的昆虫。它的形象总是让我们觉得它是昆虫界的美女，它的美也被写进诗中，"小荷才露尖尖角，早有蜻蜓立上头"。无论是在空中飞舞的它，还是在水面上点水的它，总是令人羡慕它那婀娜的身姿。这样的美女你万万想不到会和好斗、残暴等形容野兽的词联系到一起。

▲早有蜻蜓立上头

揭开兽性的一面

▲黄蜻蜓锋利的口器将猎物豁开

蜻蜓早在3亿年前就已经在地球上出现了，应该说是最成功的一种昆虫，所以到现在为止，身体结构也没有发生大的变化。蜻蜓身材修长，色彩艳丽，体态优雅，飞行灵活敏捷，充盈着美感与魅力，人们十分喜爱它。但蜻蜓同时又是一个兽性十足的长翅膀的强盗，在蜻蜓王国中，到处充满暴力，具有美丽外表的蜻蜓却如此争强好斗。

▲蜻蜓的姊妹类群——豆娘浪漫的"心型"交配姿态

黄蜻蜓是蜻蜓王国中的巨人，先进的电脑图像技术使我们能够走进这鲜为人知的蜻蜓世界。黄蜻蜓可以以60km/h的速度向任何方向飞行，前后左右都可以。在蜻蜓世界里黄蜻蜓是技术精湛的飞行员：它可以像直升机那样飞行，也可以向喷气式飞机一样前进。但同时它是一个极具侵略性的强盗，总是挑起战争，在它的生存区域里其他生物总是遭受它无端的侵害。那么为什么具有美女外表的蜻蜓，会有野兽一般的行为？黄蜻蜓变为蓝色时表示它已经是性成熟的蜻蜓，蜻蜓只有几天的时间去完成繁殖任务，需要不停地吃东西以增强自己的繁殖能力。蜻蜓非常能吃，它们能吃掉所有比自己身体小的昆虫。黄蜻蜓的口器非常锋利，它能起到剪刀的作用，可以把猎物豁开。黄蜻蜓每天可以吃掉相当于自己身体1/5重量的食物。具备了繁殖能力的雄蜻蜓需要自己的一块领地，在领地上可以截住路过的雌蜻蜓与它交配，还可以毫无顾忌地捕猎食物。

雄性黄蜻蜓领地大概需要一块50米长的植物茂盛的河岸，但是往往好的领地都已经被占领了。要是一只雄性黄蜻蜓想统治一方的话就只有通过武力夺取领地了。黄蜻蜓惊人的空中战斗本领是靠它复杂的身体结构来实现的，翅膀与身体的链接处有一个灵活的轴状结构，在飞行当中可以自由转动，每个翅膀可以被单独控制，进行高精度的飞行。蜻蜓的每个翅膀尖上有一很小的重量点称为翅痣，能够为翅膀配平。

开心驿站

蜻蜓别称猫猫丁、咪咪洋、丁丁猫（这是四川有些地方的方言叫法）、蚂螂（云南方言）。

轶闻趣事——上万蜻蜓"聚会"

2007 年 7 月的一天上午，在南京的下关幕府山上，大雨之后出现了成千上万的蜻蜓。而这些聚集的蜻蜓，引起了市民们的种种猜测，有的市民认为这些蜻蜓可能碰到大雨，是从别的地方飞过来的；也有的市民认为可能幕府山的气候比较适合蜻蜓繁殖，于是吸引了它们大量来到此地。而一位市民则称，天气变化才是蜻蜓增多的主要原因，因为雨前

▲大量的蜻蜓雨后飞出

或者雨后都可以促进蜻蜓繁殖，山上的绿化也给蜻蜓提供了良好的生长环境。

广角镜——碧伟蜓的前半生

很有幸找到了有关碧伟蜓前半生图文并茂的资料，这会让我们在定格的画面中更好地去了解蜻蜓的完美蜕变。

碧伟蜓交尾后通常雌雄串联产卵，雌虫有时也单独产卵。卵产在挨近水面上下水草的茎皮下或叶子表层下。下面几幅图是从碧伟蜓产卵开始到稚虫羽化的过程。

▲雌雄串联产卵

自然传奇丛书

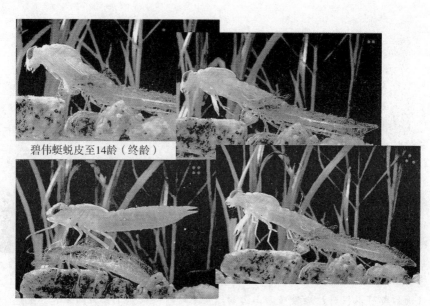

碧伟蜓蜕皮至14龄（终龄）

▲蜕皮

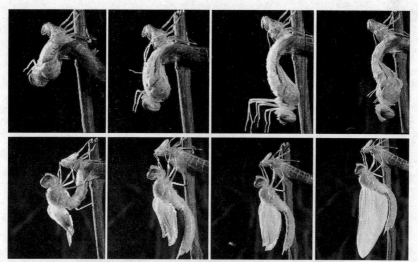

▲羽化过程（从裂蜕到展翅）大概 2 小时

▲展翅待飞的碧伟蜓

空中霸主——苍鹰

苍鹰是鹰科的强壮鹰类。生活在北半球温带森林及寒带森林中。在我国的内蒙古、辽宁、吉林、黑龙江、四川等省份能够看到苍鹰。苍鹰借着上天赋予它的敏锐的视觉，灵巧的飞行技能和精湛的捕猎技巧捕食鸽子等鸟类和野兔，也会去猎取松鸡和狐等大型猎物来生存。它是天生的空中强者，空中霸主是对它地位的最好定义。

自然传奇丛书

▲英姿飒爽的苍鹰

苍鹰的生活习性

▲在枝头虎视眈眈

苍鹰为森林里的中小型肉食性猛禽。它的头顶、颈和头侧黑褐色，颈部有白羽尖，眉纹黑白交杂；背部呈棕黑色；胸以下是灰褐色和白色相间的横纹；尾灰褐，有4条宽阔黑色横斑，尾方形。飞行时，双翅宽阔，翅下白色，但密布黑褐色横带。成年苍鹰的体长可达60 cm，在空中翱翔时两翅水平伸直约130 cm。苍鹰通常白天活动，行事机警，通常单独活动，不会轻易暴露自己，多隐蔽在森林中的树枝间窥视猎物。但除迁徙期间外，很少在空中翱翔，飞行技巧尤为娴熟。

一展霸主风采

苍鹰能够在森林中随心所欲地穿梭，在空中毫无阻力地上上下下。每次捕猎时都能恰到好处地控制方向和速度，这些本事无疑是它很好地利用了它短圆的翅膀和长的尾羽。

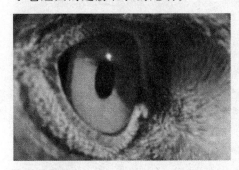

▲敏锐的眼　　　　　　　　　　　　▲正在猎食野兔的苍鹰

它很喜欢在开阔的空中直线滑翔，窥视地面动物活动，一旦发现森林中的鼠类、野兔、鸠鸽类和其他中小型鸟类等猎物，则加速向猎物俯冲，

▲饱餐一顿

用利爪捕获猎物。它的体重比中型猛禽要轻 1/5 左右，这让它在速度上很有优势，要比中型猛禽快 3 倍以上。伸出爪子打击猎物时的速度为每秒钟

生物的魔咒

22.5米，所以捕食的特点是猛、准、狠、快，具有较大的杀伤力。它猛扑上去，会很快先用一只脚上的利爪刺穿猎物的胸腔，再用另一只脚上的利爪将其腹部剖开，先吃掉鲜嫩的心、肝、肺等内脏部分，再将鲜血淋漓的尸体带回栖息的树上撕裂后啄食。

 小故事——驯化猎鹰

驯化猎鹰，是满族人的一项传统技艺，流传了近千年。至今还有很多满族人家仍保持着捕鹰、驯鹰、养鹰、架鹰的传统。

将野生的鹰驯化成这样一只悉通人性的猎鹰，却需要付出异乎寻常的努力和耐心。鹰把式们给这个艰苦的过程起了一个恰如其分的名称——熬鹰，让它依赖人，跟人建立感情，以后，它就会听你摆布。这里有满族人的驯鹰方法，可供爱好养鹰的朋友借鉴。

驯化野生的鹰成为一只悉通人性的猎鹰，就要熬鹰。熬鹰是个备受煎熬过程。鹰是一种高傲的生物，若想让它与人建立亲密的关系，鹰把式要陪伴着新捕获的鹰，一刻也不放松，连续7到9个昼夜，在这段时间内，鹰把式需要让鹰始终站立在自己的手臂上，接受人的抚摸，并且不能给鹰喂食，渐渐地，鹰会逐渐适应站在人的手臂上。鹰在饥饿的状态下最多不能超过9天，鹰把式就要给鹰开食，即用一只活麻雀引逗它来抓。当鹰初步学会听

▲自豪的驯鹰人

从人的指令后，驯鹰的场所就要转移到室外。鹰还是保护庄稼的好帮手，它能够有效地捕捉庄稼地里的田鼠。鹰屯里庄稼的收成保持稳定与驯出的优良黄鹰是分不开的，几乎没一个田鼠能逃过它的神嘴。

自然传奇丛书

▲土库曼斯坦驯鹰者

 你知道吗？

苍鹰的生活现状

苍鹰是森林鸟类，只栖息在各种类型森林中。近年来，由于森林的砍伐严重，此鸟进入次生林中繁殖。1988年～1990年3年间在吉林42公顷的左家自然保护区调查，1988年为零，1989年为0.0950只/公顷，1990年也为0.0950只/公顷。1997年苍鹰列入《华盛顿公约》CITES濒危等级；1989年列入中国国家二级重点保护动物。

世界上最脏的动物——科莫多巨蜥

▲科莫多巨蜥

科莫多巨蜥是巨蜥科现存种类中体型最大的蜥蜴。产于印度尼西亚小巽他群岛的科莫多岛和邻近的几个岛屿上。由于科莫多巨蜥十分丑陋肮脏，而且它的唾液有许多的细菌，并且科莫多巨蜥从来不清洗自己的口腔，它是除蟑螂之外世界上最脏的动物，同时它的残暴也让人感到恐惧。

致命的是细菌还是毒液

▲细菌、毒液，谁是罪魁祸首

由于巨蜥主要以腐肉为食，所以人们认为它的唾液有许多的细菌，使其具有巨大的杀伤力。被它咬过的动物会在三天之内因为细菌侵袭身体而死亡。这种观念在人们的认识中已经存在了十多年。有一天，澳大利亚墨尔本大学布莱恩·弗莱教授带领的研究团队发现，科莫多巨蜥不仅唾液中含有大量的细菌，而且其下颚发达的腺体能够分泌致命毒液，他们认为这才是科莫多巨蜥巨大杀伤力的秘密所在。

动物的生存之道

研究小组对新加坡动物园一只高龄科莫多巨蜥的毒腺体进行了摘除，通过基因和化学分析，进一步证实了他们的研究成果。通过分析发现很多种剧毒成分，包括扩张血管、导致血液无法凝固的成分。实验发现，注射进哺乳动物体内后，这些成分会使血压迅速下降，诱发昏迷。布莱恩·弗莱教授说，当巨蜥发动猛攻时不是唾液里的细菌而是毒液杀死了猎物。毒液能迅速降低猎物的血压，阻止凝血。猎物甚至来不及挣扎就昏迷了。

万花筒

世界上最大的蜥蜴

科莫多巨蜥栖息于爪哇岛周围丛林中，是世界上最大的蜥蜴。它长达3米，重达130kg，是蜥蜴亚目巨蜥科现存种类中最大的蜥蜴。

点击

人们为得到科莫多巨蜥的皮而将其捕杀，或是将它抓到动物园去展览。现在，科莫多巨蜥只剩下不超过2000条，是世界上最珍贵的动物之一。

揭示捕猎过程

▲巨蜥家族最恐怖的成员

科莫多巨蜥的舌头上长有敏感的嗅觉器官，所以在寻找食物的时候，总是不停地摇头晃脑、吐舌头，靠着灵敏的嗅觉器官，能闻到范围在1 000米之内的腐肉气味。通常情况下，它们会找寻那些已经死去的动物腐肉为食，但成年的科莫多巨蜥吃同类幼体和捕杀猪、羊、鹿等动物，偶尔也会攻击和伤害人类。

自然传奇丛书

生物的魔咒

虽然科莫多巨蜥的体形庞大，但其牙齿咬力显得十分微弱。令人惊奇的是它们有时却能将水牛等大型猎物制服。它们是怎么做到的呢？研究显示，科莫多巨蜥数十颗锋利的牙齿，结合其像牛一般强壮的脖颈就成了制服大型猎物的致命武器。此外在借助强劲的咽喉肌肉可以牵引猎物的肉体慢慢地通过锋利的牙齿进入胃中。这种进食方法转移了吞食食物时对巨

▲王者气势

蜥脆弱头骨形成的压力。因此科莫多巨蜥一旦制服了像自己体型大小的动物，它能够整个地吞下猎物，然后再将毛发、骨骼和其他不易消化的遗留物吐出来。

广角镜——科莫多巨蜥的传宗接代

▲强壮的脖颈

科莫多巨蜥生活在岩石或树根之间的洞中。科莫多巨蜥3～5年性成熟，每年7月发情、交配，8月开始产卵。刚成熟的雌蜥只能产4～6枚卵，每隔2～3天产一次。10岁左右，进入产卵旺期，每次产下二十几枚，将卵埋在沙窝里，靠太阳辐射的自然温度孵卵，八个月后，幼蜥才破壳而出。

自然传奇丛书

海洋中的温柔杀手——箱水母

水母在海洋中浮游时显得格外的优雅，它的一举一动都宛如一个温柔的女子。这样一种动物中却存在着世界上最毒的一员——箱水母，海洋中的温柔杀手。箱型水母俗名"海黄蜂"，因它吃饱饭以后形状像箱子而得此名。现在我们有机会去很好地认识它了。

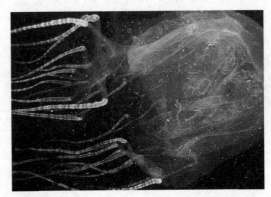

▲箱水母

水母是什么

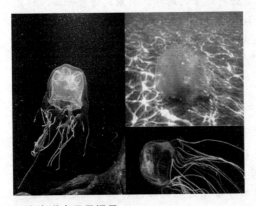

▲在海洋中尽显温柔

水母出现的比恐龙还早，水母是一种低等的海产无脊椎浮游肉食动物，已知约有 250 种左右。水母身体外形像一把透明伞，伞状体直径有大有小，有些水母的伞状体还带有各色花纹。从伞状体边缘长出一些须状条带，这种条带叫触手。箱水母是水母中的一种，也叫立方水母，其触手对于人体有剧毒。毒性最强的是澳洲箱水母，俗名"海黄蜂"。成年的箱水母，有足球那么大，近乎透明。在它的身后拖着 60 多条带状触手，触手可达 3 米长。每根触须上，都密密

生物的魔咒

麻麻地排列着囊状物，每个囊状物又都有一个肉眼看不见的、盛满毒液的空心"毒针"。

万花筒

水母往往是三代同堂，非常令人羡慕。小水母即使能独立生存了它还是会和水母妈妈生活在一起。不久之后，小水母生出的宝宝，也会紧紧地跟着小水母。

水母中体形最大的是分布在大西洋里的北极霞水母，它的伞盖直径可达 2～5 米，伞盖下缘有 8 组触手，每组有 150 根左右。每根触手伸长达 40 多米，而且能在一秒钟内收缩到只有原来长度的 1/10。

广角镜——澳大利亚箱水母

澳大利亚箱水母是澳大利亚和亚洲东南沿海地区发现的微小水母。箱水母的触手上生长着数千个储存毒液的刺细胞。刺细胞内有一个叫刺丝囊的器官。这些刺丝囊是由外壳和刺丝构成的。在休息状态下，刺丝盘卷在一起。外界任何生物的剐蹭都会刺激这些微小的毒刺。而当进行攻击的时候，刺丝就伸展开来，刺丝囊刺入被攻击对象的体内，并在里面释放毒汁。人若触及其触手，2 分钟内，人体器官功能就会衰竭。在澳大利亚昆士兰州沿海，20 多年来因中箱水母毒而身亡的人数约有 60 人，而与此同时死于鲨鱼的只有 13 人。

知识窗

澳大利亚的箱水母，是一种淡蓝色的透明水母。一只箱水母的毒素足以毒死 60 位成年人，如中了箱水母的毒后，4 分钟内不救治的话必将死亡。目前唯一能够避免遭受箱水母进攻的方法就是避免在这种水母出没的海域游泳。

自然传奇丛书

小资料：箱水母怕红色

澳大利亚新闻网消息：为了彻底弄清这种剧毒水母的习性和毒性，找到对付它的办法，科学家们将箱水母进行了封闭式养殖。澳大利亚詹姆斯·库克大学的研究者杰米·西摩发现，当一个红色的物体放置在箱水母面前时，它立刻会转身，迅速向相反的方向游走。而如果将一根黑色的塑料管放在离它们不远处，它们反而会迅速聚集过来，围着这根黑色的管子游动。

西摩表示，这个发现非常偶然。当初为了将这些箱水母进行封闭式养殖，工作人员将养殖它们的容器边缘做成了红色，结果这些箱水母全部都从水箱边缘游开，挤在中央。科学家由此产生疑惑，想到是不是跟水箱的颜色有关，于是才有了这个惊人的发现。

根据这个最新的发现，今后前往海边作业的工作人员以及在近海区域游玩的人们，可以利用红色物体来保护自己，如拉上红色的防护网，穿上红色的泳衣等等，防止箱水母暗中接近。

轶闻趣事

当时澳洲最大的海产品罐头加工厂，所生产的一个罐头中混入了长约1厘米的剧毒箱水母的触手。尽管是经过了高温烹煮，这个罐头的食用者在食用后不久就发生了中毒现象。被送往医院后，医院用尽了各种方法解毒，却没能挽救他的生命，他在进医院2小时后死亡了。这件事引起了澳洲政府的注意，派出了两名优秀的海洋生物研究员去海洋里探寻这种水母。可惜不幸的是，其中的一名在被箱水母蜇了一下之后还没被同事拉上小艇就死了。

自然传奇丛书

多姿多彩的水母

▲桃花水母

▲水螅水母

水螅水母是南极海水中最为常见的水母的一种。水螅水母的寿命大多只有数个星期，也有的能活到一年左右，那些生活在深海的水螅水母则可以活得更长久。水螅水母身体的主要成分是水，并且由内外两胚层所组成，不但透明，而且还具有漂浮作用。

桃花水母堪比大熊猫和中华鲟，有"水中国宝"美誉。桃花水母体态晶莹透明，在水中游动，姿态状若漂浮在水面的桃花花瓣，在我国古代被称为"桃花鱼"，很适合观赏。

广角镜——用毒高手

全球名列榜首的毒物就是海洋动物箱水母。一个成年箱水母的触须上有数十亿个毒针！足以杀死60个人。

有谁能想到这么漂亮的橙黑王蝶会有毒呢？当地的鸟儿、蜘蛛就知道它的厉害。王蝶从小就经过严格"训练"，靠吃一种乳草属植物为生，把从食物中吸收的毒液储存起来。捕食王蝶的鸟儿们无疑是自取灭亡。

河豚也是众所周知的毒物之一，这些毒素存在于河豚的肝脏、皮肤、卵巢内，误食河豚的人或动物，会在4～6个小时内死亡！

自然传奇丛书

陆地杀手——黑曼巴。听到这个名字可能有些陌生，它生活在非洲，以其庞大的体型、喜好攻击的天性、迅捷的速度和剧毒的毒液成为最危险的毒蛇之一，仅仅只需要两滴的毒液就能杀人于无形！

　　拇指大小的箭毒蛙是丛林中多彩的杀手，从它背部皮肤上轻轻擦几下的吹箭就能够射下鸟和猴子等动物。一只小小的箭毒蛙，能榨出杀死 30 个人的毒液，而涂抹在箭头上的毒素能够保持一年之久。美丽的外表，剧毒的毒液，简直是天使和魔鬼的结合。

　　古老的鸭嘴兽，身上也藏有"暗器"，在雄性的后腿上有一个小小的毒刺，刺中的毒液足以杀死一条狗。

　　著名的"黑寡妇"是蜘蛛王国中不可忽视的"毒妇人"。身体中的毒液是它克敌制胜的法宝，当捕食猎物的时候，就把毒液注入到猎物的体内，使猎物的身体由内而外地被腐蚀掉。这时"黑寡妇"再轻而易举地吸食猎物的"汁液"，被捕到的猎物经常是难逃"法网"！

自然传奇丛书